服装
搭配设计
基础教程

曹茂鹏　编著

Dress Collocation
Design

化学工业出版社

·北京·

图书在版编目（CIP）数据

服装搭配设计基础教程/曹茂鹏编著. —北京：化学工业出版社，2022.1
ISBN 978-7-122-39994-6

Ⅰ.①服… Ⅱ.①曹… Ⅲ.①服饰美学 Ⅳ.①TS941.11

中国版本图书馆CIP数据核字（2021）第200532号

责任编辑：陈 喆 王 烨　　　　　装帧设计：王晓宇
责任校对：宋 夏

出版发行：化学工业出版社（北京市东城区青年湖南街13号　邮政编码100011）
印　　装：北京瑞禾彩色印刷有限公司
787mm×1092mm　1/16　印张15　字数402千字
2022年2月北京第1版第1次印刷

购书咨询：010-64518888　　　　　售后服务：010-64518899
网　　址：http://www.cip.com.cn
凡购买本书，如有缺损质量问题，本社销售中心负责调换。

　　服装搭配设计近年来在商业活动中的作用凸显，它不仅是个人审美和素质的体现，也反映着一个社会的文明程度。市场上服装搭配设计类图书以"鉴赏型"居多，"鉴赏型"图书的特点是案例多、图片精美、启发性强，但弊端是书不耐读，延伸价值小。

　　鉴于这种情况，我们在2017年组织策划了"从方法到实践：手把手教你学设计"系列图书，该套图书面向初学者，在"鉴赏型"的基础上，侧重理论和方法，即使是非专业人员，也能从中学到很多有用的设计技巧。

　　《从方法到实践：手把手教你学服装搭配设计》是该系列中的一个分册，通过扎实的服装搭配设计理论和大量经典的国内外服装搭配设计案例，让初学者短时间内洞悉服装搭配设计的奥秘，并能够将所学内容应用于服装设计工作中。

　　《服装搭配设计基础教程》是在《从方法到实践：手把手教你学服装搭配设计》的基础上编写的。此次升级主要对各章内容进行简化、突出重点；对书中质量不高的图片进行替换；对老旧的案例进行更新，尽量反映目前较为流行的设计方法和作品。

　　本书共分7章，具体内容包括服装原理及色彩知识、服装的风格、服装材料的搭配、为服装添"彩"、四季的服装搭配、服装色彩的视觉印象和服装搭配训练营等。笔者以服装搭配设计的基本应用方法为起点，以拓展读者朋友对服装搭配设计的思路为目的，希望通过通俗易懂的理论知识、精致多样的赏析案例、色彩斑斓的配色方案、完整详细的综合案例，给读者一个更好的学习思路，进而从本质上提高服装搭配设计的能力。

　　本书由曹茂鹏编著，瞿颖健为本书编写提供了帮助，在此表示感谢。

　　由于时间仓促，加之水平有限，书中难免存在不妥之处，敬请广大读者批评指正。

编著者

目录

CONTENTS

023 2 服装的风格

069 3 服装材料的搭配

109 4 为服装添"彩"——饰品大妙用

5 四季的服装搭配

6 服装色彩的视觉印象

7 服装搭配训练营

Dress Collocation Design

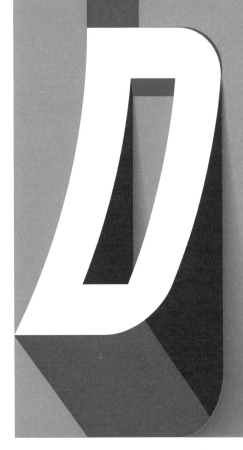

1

服装原理及色彩知识

本章主要讲述服装设计的基本构建以及常用服装搭配色彩知识。服装款式设计与服装色彩搭配有着密不可分的联系，同时合理运用服装色彩是服装搭配设计成功的前提条件。

● 互补色能够给人强烈的视觉冲击感受，过渡色则给人柔和的渐变感受。

● 服装设计是在保证原有服装性质的基础上，添加符合审美思维的艺术构想。

● 服装的面料与制作工艺多种多样，并能够呈现出风格各异的设计表达手法。

1.1 服装设计概念

服装设计方案，其重点在于专业信息的考量与整理，结合当代的思想风潮与意识观念，从而获得更为宽泛的灵感渠道，以丰富服装整体设计内涵。

借鉴成功作品的风格细节并不意味是生搬硬套等抄袭手法，而是在掌握剪裁和版型设计的基础上吸取成功案例的搭配设计手法。与穿着者自身气质相结合，培养设计者独特敏感的审美能力。扎实的功底与审美是服装搭配设计的首要前提。

随着时代的发展变迁，人们对美的概念也有各种各样的认知。服装设计兼备实用性与美观性，既是灵活创造性与设计的组合搭配，又是充满自身表达特性的展现。不同的时代文化能够产生不同的构架思想，充分掌握服装的剪裁设计与工艺手法和设计构思手法，能够最大限度展现出服装特色搭配风格与穿着者自身气质的完美融合。

　　服装设计通常包括服装造型设计、服装色彩设计、服装结构设计、服装工艺制作几个流程。

　　服装造型设计：了解服装的美学原理是进行服装造型设计的前提，服装设计的审美设计讲究变化与协调的统一性，以达到服装设计的概念与实践的均衡表现。

　　服装色彩设计：服装色彩是通过色彩搭配设计，传达到人脑的电波当中，与服装款式设计相结合，形成协调统一的视觉搭配感受。

　　服装结构设计：服装结构设计体现在穿着者体型、版型剪裁设计以及色彩搭配等方面，服装结构设计是整体服装设计效果的灵魂支柱，起到承托和表现主题的重要作用。

　　服装工艺制作：工艺越为繁杂的制作，服装效果越优雅庄重；反之则会给人以休闲轻快的印象。精良周密的制作工艺，赋予服装整体造型更为丰富的层次内涵。

1.2　服装造型设计

　　服装造型设计表现在服装版型设计与色彩搭配上。版型设计在服装整体设计中起着至关重要的作用，服装版型设计给人以直观的视觉冲击感，仅次于服装色彩组合搭配。通常，服装版型设计与色彩搭配方案给人以直观的视觉感受。

1.2.1　字母型外轮廓

A形轮廓：该服装上装紧小贴身，下装廓感宽松，下摆飘逸。此类型服装给人以上窄下宽的视觉效果。

H形轮廓：以肩膀为受力点，肩部到下摆呈一条直线。此类型服装给人以简洁大方的印象。

V形轮廓：该服装的款式设计上宽下窄，夸张的肩部设计，搭配下摆略显收紧。此类型服装给人以干练洒脱的印象。

X形轮廓：肩部与袖口形成完美的弧度设计，腰部略微收紧，下摆扩大。此类型服装给人以类似沙漏的视觉效果。

S形轮廓：服装整体轮廓更具女性化风格，通过结构上的变化设计，呈现出"S"形曲线美的效果。

O形轮廓：服装整体设计具有一体性，下摆收紧，腰部则较为宽松。此类型服装给人以圆润的视觉效果。

1.2.2　几何型外轮廓

几何型通常将鲜明的几何形状融入服装造型装饰，使得服装具有鲜明独特的风格。

方形：服装整体造型给人宽松舒适的感受，充分突显修长的身材比例。

正梯形：贴身收紧的肩部设计，松阔的下摆搭配，得到良好的廓形效果。

倒梯形：较为宽松的肩部设计，下摆适当收紧，服装整体简洁大方。

1.2.3　物态型外轮廓

物态型外轮廓通常以大自然或某一物态作为启发灵感，进行创意搭配设计，使得服装整体更为具体完整，赋予更为深刻的层次内涵。

气球形：上装设计较为宽松，下装设计较为紧凑，形成明显的视觉对比。

瓶形：松阔的肩部和裤腿，腰部收紧，整体呈现出瓶状的形态。

纺锤形：肩部设计较为宽松，到下摆处逐渐收紧，呈现类似纺锤的形状。

1.2.4　内部线条设计

　　服装内部线条设计主要分为结构分割线、省道线及褶皱等细节的设计。服装线条设计排列分布协调统一，以达到服装整体搭配内涵的充分与合理。

1.2.5　部件设计

　　服装部件设计主要通过领子、袖子、口袋、下摆、门襟等细节方式进行表达。服装部件设计在服装整体效果表达中极具张力和表现力。服装部件设计受到整体搭配的制约，但与此同时兼备设计搭配的特征与自身代表性。

1.3 服装色彩设计

　　服装色彩设计泛指服装及其他饰物的色彩搭配。服装色彩搭配需与形体互相协调，与服装主体风格达到一致。根据服装色彩搭配传递出来的色彩情感进行合理的组合搭配，以得到最终的形式效果。从视觉角度来讲，不同的服装面料选材，也能够塑造出不同的服装色彩搭配效果。

　　服装中的色彩可分为主色、辅助色和点缀色三种类型，三者之间具有密切的联系。

1.3.1　主色

通常为较大面积覆盖于服装主体，并决定服装整体色调基础以及最终效果。服装中的辅助色与点缀色的搭配运用，均围绕主体色调进行搭配融合，只有辅助色与点缀色相互融合衬托的条件下，服装整体设计构建才能体现得完整全面。

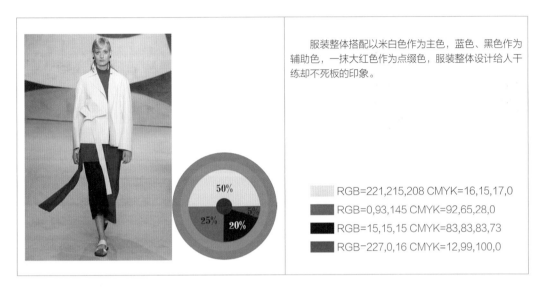

服装整体搭配以米白色作为主色，蓝色、黑色作为辅助色，一抹大红色作为点缀色，服装整体设计给人干练却不死板的印象。

RGB=221,215,208 CMYK=16,15,17,0
RGB=0,93,145 CMYK=92,65,28,0
RGB=15,15,15 CMYK=83,83,83,73
RGB=227,0,16 CMYK=12,99,100,0

1.3.2　辅助色

辅助色起到衬托主色与提升点缀色的中间作用，辅助色通常不会占据服装整体设计较多版面，面积少于主色、色调浅于主色，这样进行组合搭配合理均衡，互不抢夺。

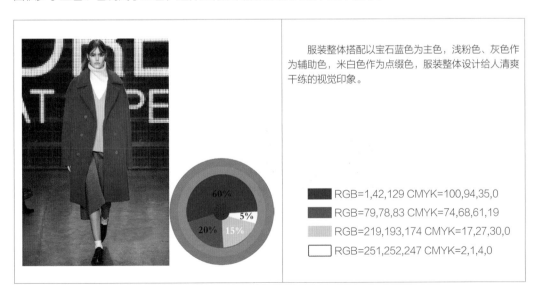

服装整体搭配以宝石蓝色为主色，浅粉色、灰色作为辅助色，米白色作为点缀色，服装整体设计给人清爽干练的视觉印象。

RGB=1,42,129 CMYK=100,94,35,0
RGB=79,78,83 CMYK=74,68,61,19
RGB=219,193,174 CMYK=17,27,30,0
RGB=251,252,247 CMYK=2,1,4,0

1.3.3　点缀色

点缀色主要起到衬托主色及承接辅助色的作用，通常在服装整体设计中占据很少一部分，却能起到画龙点睛的装饰效果。点缀色在服装整体设计中具有至关重要的作用，能够使服装整体设计更加完善具体，丰富服装整体内涵细节。

服装大面积应用婴儿蓝色，给人以清爽洁净的感受；搭配粉色装饰突显穿着者甜美可人的气质；棕黄色的点缀为服装整体增添沉稳冷静的气质。

75%

5%

20%

RGB=204,226,250 CMYK=24,7,0,0

RGB=202,159,166 CMYK=25,44,26,0

RGB=177,137,0 CMYK=39,49,100,0

1.4　服装图案设计

服装图案设计是实用性与美观性相结合的产物，不仅能够丰富服装整体内涵，还能提点服装主旨特色。服装图案设计主要通过工艺、结构、内容和风格四个方面着手。

工艺：服装图案的制作工艺主要包括印花、绣花、手绘、喷绘、缝珠等。

结构：服装图案的结构方式具有或独立或连续的特性。独立图案设计在组织构成及最终效果形成具有不同程度的独立性和完整性，彰显鲜明的个性特征。连续图案设计运用一个或多个纹样进行反

复重叠而成，大面积的组合应用，达到服装整体设计和谐统一的效果。

内容：服装图案内容的表达范围可分为人物、场景、花卉、植物、动物、几何图案、抽象图案等类型分布。

风格：服装图案风格包括古典、民族和现代等。古典风格图案强调传统沉稳的色调搭配。民族风格图案色彩搭配充满神秘梦幻的地域文化特色。现代风格图案能够传达简约时尚的风格内涵，充分体现对比鲜明的色彩和造型搭配。

1.5　服装的分类

1.5.1　服装的常见分类方法

　　服装的种类风格纷繁复杂，无论是不同性别，或是不同出行场合，还是成衣或高端定制，都有不同的区分方式以及种类分级。通常服装分类方法有以下几种。

　　1.根据年龄分类：幼年、青少年、青年、中老年等。

　　2.根据国际通用标准分类：高级定制、高级成衣以及成衣等。

　　3.根据目的分类：职业服装、比赛服装、表演服装、指定服装等。

　　4.根据用途分类：社交服、日常服、职业服、家居服、运动服、舞台服。

　　5.根据季节分类：春秋装、夏装、冬装。

1.5.2 服装的常见类型

社交服：在社交场合所穿着的具有正式性服装，有礼服、出访服等。礼服又可分为日间礼服与夜间礼服。社交服设计需符合穿着者的身份、体态和仪度，服装搭配得体，工艺精湛。

日常服：种类较为广泛，有通勤装、休闲装、出行装等。由于穿着环境不同，既有严肃、正式风格的服装，也有轻松、时尚的服装搭配。

职业服：某个团体具有共同标志性的服装，包括工作服、制服、军服等。从服装实用性出发，职业服面料与色彩的组合搭配，以及装饰搭配象征着某个团体的融合统一，同时能够反映出服装主体的风格特色。

家居服：此类服装款式宽松，面料柔软舒适，并具有一定的美观作用。能够用于室内穿着而不适宜公众场合，款式可分为睡衣、浴衣、晨袍、吸烟衣等。

运动服：顾名思义是运动时穿着的服装，可分为运动竞赛服和活动服两类。运动竞赛服要起到不仅能够搭配不同竞赛项目的运动的作用，还要标有参赛团体标志。

舞台服：演出时所穿着的服装，根据场景的需要组合，同时应根据演员个性风格特色进行搭配设计，以独特的视觉表达效果赋予服装整体设计新的含义。

1.5.3 重新认识"色彩"

　　色彩在我们的日常生活中无处不在。色彩充斥在世界的每一个角落，湛蓝的天空、油绿的植被、金黄的落叶、殷红的果实。色彩常给人以直观的视觉冲击，由于色彩分布定义广泛，色彩所表达的视觉情感也有所不同。

　　色彩直观通过视觉进入大脑，产生一种对光的感官效应。因为照射物体的光谱通常决定了物体颜色，而人类对物体颜色的认知不仅由物理性质决定，同时也受到周围阴影的影响。所以，色彩感受不仅与物体原本的颜色特质有关，还与所处的时间空间、状态以及周围环境等因素有关。随着光线照射及周围环境的变化，视觉感官色彩也由此产生变化。

1.6 色彩的另一面

色彩设计方案，作用于装饰物体，为服装整体设计起到点缀和丰富内涵的作用，也折射出服装特色是否鲜明，思想表达是否正确，画面是否有感染力等方面特征。

1.6.1 视觉感染

色彩给人以巨大的冲击力，能够留下深刻的视觉印象，具有一定的视觉感染力。例如，看到红色和黄色，会联想到炽热的火焰，看到红色的果实给人以成熟甜蜜的感觉，而绿色的苹果则会给人酸涩乏味的感觉。

1.6.2 衬托对比

本案例选用互补色对比效果，使得前景与背景产生明显的对比，将前景物体衬托得更为真实清晰。若画面环境与人物服装色调一致，导致服装色彩并不突出。当背景变为蓝紫色时，肉粉色的服装则会显得格外鲜明清晰。

1.6.3 氛围渲染

　　色彩总能够带给人不同的感官感受，黑色、深蓝色、墨绿色、苍白色，会给人阴森恐怖的印象。人们对色彩的认知远超过事物的真实形态，因此可以应用色彩营造出不同的气氛。案例中应用大量冷色调时，表现出阴沉、寂静的风格；使用暖色调时，表现出温馨、轻快的风格。

1.6.4 修饰装扮

　　案例设计搭配中添加适当的点缀，能够起到修饰和装扮的作用，从而使单调的画面细节变得更为丰富具体。服饰整体配色明度较低时效果显得较为单一，服饰整体配色较为多样时，服装整体效果则会更为丰富具体。

1.7 强大的色彩力量

色彩包含的信息内涵量巨大，不仅具有不同的风格属性，还可以通过形式的组合给人们带来不同的心理感受。色彩不同的搭配方案能够带来风格迥异的效果，在进行服装设计搭配时，将色彩原理用到服装设计当中以丰富服装整体搭配细节。色彩不仅能够带来风格各异的感官感受，还能够影响人的情绪，色彩力量的强大无法估量。

1.7.1 色彩的重量

颜色本身并无重量感，特定的色彩搭配应用会给人一定的重量感。同等重量的黄色与蓝色物体相比，蓝色明度低给人感觉更重些；若与同体积的黑色相对比，黑色饱和度高给人更重的感觉。

1.7.2 色彩的冷暖

色调搭配有冷暖之分。色相环中绿一边的色相称冷色，红一边的色相称暖色。冷色使人联想到海洋、天空、夜晚等，传递出一种沉静、悠远的感受。在炎热的天气条件下，冷色元素的融入给人舒适感。暖色则会使人联想到太阳和火焰，给人一种温暖、活泼的印象。

1.7.3　色彩的前进与后退

色彩具有前进色和后退色的效果，有的颜色看起来向上凸起，而有的颜色看起来向下凹陷。其中，显得凸起的颜色被称为前进色，显得凹陷的颜色被称为后退色。前进色包括红色、橙色等暖色；后退色包括蓝色和紫色等冷色。同样的图片，红色会给人更靠近的感觉。

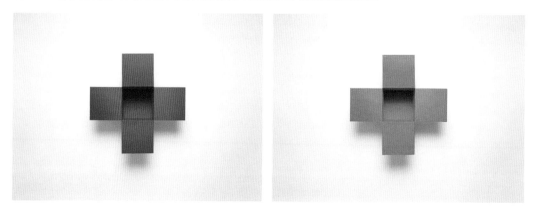

1.8　色彩的三大属性

就像人类有性别、年龄、人种等可判别个体的属性一样，色彩也具有其独特的三大属性：色相、明度、纯度。任何色彩都有色相、明度、纯度三个方面的性质，这三种属性是界定色彩感官识别的基础。灵活地应用三种属性变化也是色彩设计的基础，通过色彩的色相、明度、纯度的共同作用才能更加合理地达到某些目的或效果作用。"有彩色"具有色相、明度和纯度三种属性，"无彩色"只拥有明度。

1.8.1　色相

色相就是色彩的"相貌"，色相与色彩的明暗无关，用以区别色彩的名称或种类。色相是根据该颜色光波长短划分的，只要色彩的波长相同，色相就相同，波长不同才产生色相的差别。例如，明度不同的颜色但是波长处于780~610nm范围内，那么这些颜色的色相都是红色。

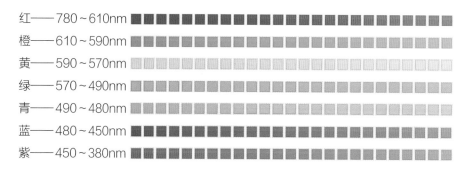

说到色相就不得不了解一下什么是"三原色""二次色"以及"三次色"。

三原色是三种基本原色构成，原色是指不能透过其他颜色的混合调配而得出的"基本色"。二次色即"间色"，是由两种原色混合调配而得出的。三次色即是由原色和二次色混合而成的颜色。

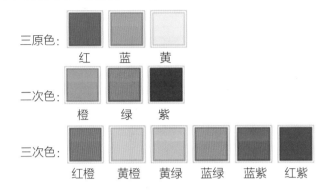

三原色：　红　蓝　黄

二次色：　橙　绿　紫

三次色：　红橙　黄橙　黄绿　蓝绿　蓝紫　红紫

"红、橙、黄、绿、蓝、紫"是最常见的基本色，在各色中间加插一两个中间色，其头尾色相，即可制出十二基本色相。如图所示。

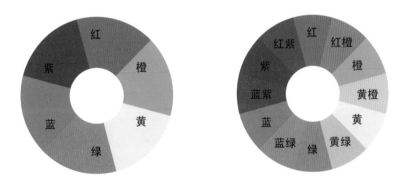

在色相环中，穿过中心点的对角线位置（角度为180°）的两种颜色是互补色。因为这两种色彩的差异最大，所以当这两种颜色相互搭配并置时，两种色彩的特征会相互衬托得十分明显。补色搭配也是常见的配色方法。

红色与绿色互为补色。紫色和黄色互为补色。

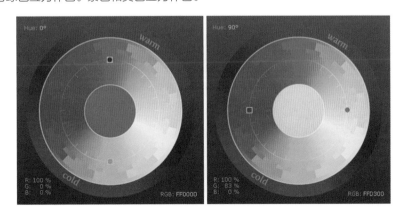

1.8.2 明度

　　明度是眼睛对光源和物体表面的明暗程度的感觉，主要是由光线强弱决定的一种视觉经验。明度也可以简单地理解为颜色的亮度。明度越高，色彩越白越亮；反之则越暗。

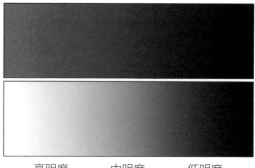

　　　　高明度　　　　中明度　　　　低明度

　　色彩的明暗程度有两种情况：同一颜色的明度变化；不同颜色的明度变化。同一色相的明度深浅变化效果如图所示。不同的色彩也都存在明暗变化，其中黄色明度最高；紫色明度最低；红、绿、蓝、橙色的明度相近，为中间明度。

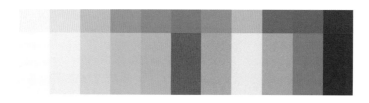

　　使用不同明度的色块可以帮助表达画面的感情。在不同色相中的不同明度效果，如左图所示。在同一色相中的明度深浅变化效果，如右图所示。

1.8.3 纯度

纯度是指色彩的鲜浊程度，也就是色彩的饱和度。物体的饱和度取决于该物体表面选择性的反射能力。在同一色相中添加白色、黑色或灰色都会降低它的纯度。如图所示为有彩色与无彩色的加法。

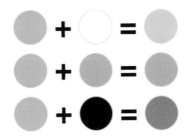

色彩的纯度也像明度一样有着丰富的层次，使得纯度的对比呈现出变化多样的效果。混入的黑、白、灰成分越多，则色彩的纯度越低。以红色为例，在加入白色、灰色和黑色后其纯度都会随着降低。

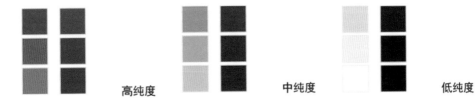

高纯度　　　　　　　　　中纯度　　　　　　　　低纯度

在设计中可以通过控制色彩纯度的方式对画面进行调整。纯度越高，画面颜色效果越鲜艳、明亮，给人的视觉冲击力越强；反之，色彩的纯度越低，画面的灰暗程度就会增加，其所产生的效果就更加柔和、舒服。如图所示，高纯度给人一种艳丽的感觉，而低纯度给人一种灰暗的感觉。

Dress Collocation Design

服装的风格

本章节主要讲解服装风格的变化与搭配方法。服装设计的迷人之处就在于服装设计搭配的多样性，不同性格体态、出行场合、季节更替都有着不同的穿搭风格方案。

● 服装的面料剪裁对于服装风格也有着一定影响，从细节处着手能挖掘不同效果。

● 配饰也是决定服装风格的一大法宝，简洁明确的配饰能起到画龙点睛的作用。

● 图案元素同样是服装设计中的重要组成部分，彰显穿着者良好的审美品位。

2.1 职业装

对于不同的场合，需要有不同的着装相映衬，职业着装在其中显得尤为重要。职业装的风格设计不能过于严肃保守，也不能过于随意开放，应当代表公司的形象。掌握好职业着装风格尺度，既要有时尚品位却又不缺乏知性干练的职场气息。

2.1.1 手把手教你——职业装搭配设计方法

OL通勤服装区别于正式职业装，是一种既适宜于工作中穿着，也适宜在日常生活中进行搭配的服装风格。OL通勤服装的设计搭配需要掌握以下几点特征。

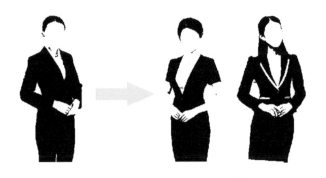

特征1： 现代OL通勤服装善于采用"减法"设计。在原有传统正式服装的款式设计基础上稍加改良，设计出细节更加完善并且符合现代潮流审美的通勤风格服装。

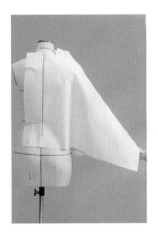

特征2： OL通勤服装多为立体剪裁。OL通勤服装款式版型优雅修身，线条剪裁干净利落，更为突显现代职业白领的日常状态与工作态度。

特征3：OL通勤服装具有和谐统一的特性。OL通勤服装选用色彩数量较少，给人以干练优雅的感觉。现代OL通勤服装色彩选择，已经不再局限于黑、白色，亮色元素的融入也为通勤服装更增添一份女人味。色彩靓丽与剪裁利落的搭配，使OL通勤服装散发着独特的成熟女性韵味。

2.1.2 职业装搭配设计方案——举一反三

掌握职业通勤服装的三点特征，合理发挥要点并运用到实际操作当中。

1.贴身的版式剪裁，使整体服装造型看上去简洁清爽；裙体颈部装饰的细钻，是整体服装设计的点睛之笔，使服装整体细节更为丰富饱满。

2.服装配色选用白色与不同色彩饱和度的金色作为色彩对比，给人以循序渐进的视觉过渡感，使整体服装设计内容不会过于单调；祖母绿色珍珠吊坠点缀在颈间，在突显成熟干练的同时，还透露出穿着者知性典雅的衣着品位。

3.不规则缠绕设计镶钻戒指与服装颈部的细钻上下呼应；搭配金色细跟尖头高跟鞋，更拉长腿部线条；结合收腰的款式设计，更为突出穿着者窈窕的性感身姿；玫瑰金色腕表也是成熟职业女性的不二搭配选择，使整体造型具有更为独特的风格韵味。

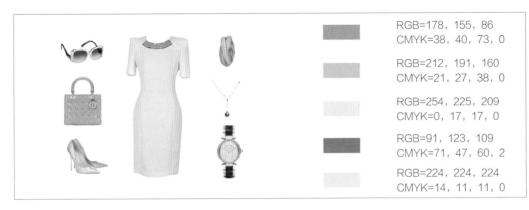

RGB=178, 155, 86
CMYK=38, 40, 73, 0

RGB=212, 191, 160
CMYK=21, 27, 38, 0

RGB=254, 225, 209
CMYK=0, 17, 17, 0

RGB=91, 123, 109
CMYK=71, 47, 60, 2

RGB=224, 224, 224
CMYK=14, 11, 11, 0

1.明度对比

低明度	高明度
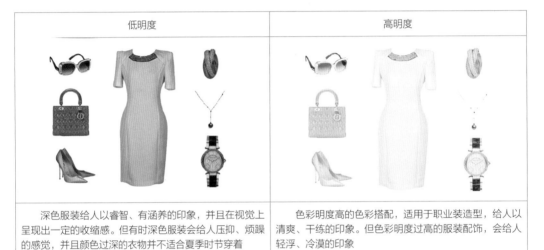	
深色服装给人以睿智、有涵养的印象，并且在视觉上呈现出一定的收缩感。但有时深色服装会给人压抑、烦躁的感觉，并且颜色过深的衣物并不适合夏季时节穿着	色彩明度高的色彩搭配，适用于职业装造型，给人以清爽、干练的印象。但色彩明度过高的服装配饰，会给人轻浮、冷漠的印象

2.色相对比

黄色调	紫色调
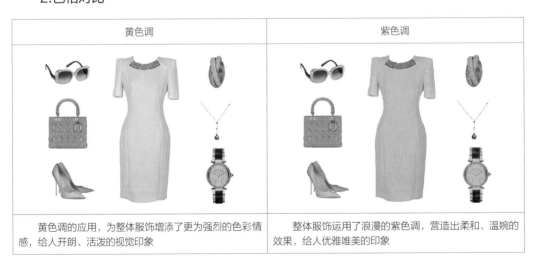	
黄色调的应用，为整体服饰增添了更为强烈的色彩情感，给人开朗、活泼的视觉印象	整体服饰运用了浪漫的紫色调，营造出柔和、温婉的效果，给人优雅唯美的印象

3.搭配对比

雪纺西服搭配	皮草短外套搭配
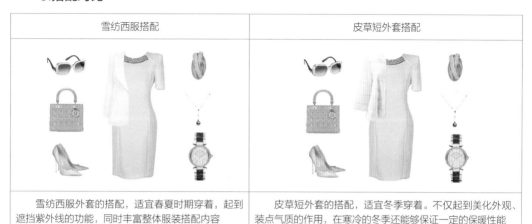	
雪纺西服外套的搭配，适宜春夏时期穿着，起到遮挡紫外线的功能，同时丰富整体服装搭配内容	皮草短外套的搭配，适宜冬季穿着。不仅起到美化外观、装点气质的作用，在寒冷的冬季还能够保证一定的保暖性能

4.同类风格对比

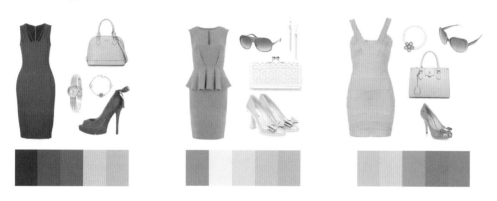

2.1.3 高贵优雅的职业套装

设计说明 颇具宫廷韵味的灯笼袖设计，使整体服装设计在体现职业干练特性的同时隐含一丝慵懒的气质展现。

色彩说明 服装大面积使用紫色丝缎面料，搭配微光泽感面料高腰西裤，服装整体造型给人以知性华贵的视觉印象。

█ RGB=118,62,91 CMYK=62,85,52,10
█ RGB=38,38,50 CMYK=85,83,67,49
█ RGB=45,94,91 CMYK=84,57,63,14

1. 富有光泽感的丝缎面料，穿着舒适且垂感好。
2. 高腰的设计衬托服装整体造型更为修身挺拔。
3. 手包链的细节添加，更为丰富整体设计细节。

2.1.4 粉嫩干练的职业套装

设计 说明 服装突出呈现运用深浅饱和度色块，所产生的鲜明对比，服装的色彩与剪裁形成了完美的融合。

色彩 说明 黑、白色是色彩饱和度差异很大的颜色，粉色的搭配中和了两种搭配的极端，整体服装色彩过渡更为和谐、舒适。

（色块） RGB=238,208,211 CMYK=8,24,12,0

RGB=226,225,223 CMYK=14,11,11,0

RGB=9,7,8 CMYK=90,86,85,76

1.两色交叉设计衬衫突显成熟女性气息。

2.高腰设计拉长身体比例，更显挺拔英气。

3.扁款手包设计与廓形服装造型，形成和谐对比。

2.1.5 职业装色彩搭配秘笈——用色彩凸显气质

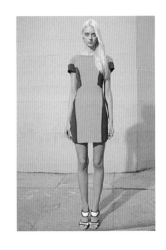

关键词：端庄

关键词：开朗

关键词：浪漫

　　白、蓝、紫色是端庄的色彩搭配，搭配白色包饰与高跟鞋，更为突显穿着者典雅大方的气质

　　天青色作为主色，与蓝色和深紫色拼接，形成舒适和谐的视觉过渡效果

　　紫色与深紫色的过渡搭配，形成一种浪漫的婉约美感，突显职场女性温婉娇柔的一面

2.1.6 优秀搭配鉴赏

2.2 晚礼服

晚宴礼服是女士礼服中，地位最高、制作设计工作最繁杂、最为突显个人气质的礼服着装。晚礼服的种类款式繁多，其重点均在突出女性窈窕的身姿曲线，将性感的部位以及元素完美展现出来，并佩戴华丽的首饰珠宝以衬托对待场合的重视。不同款式材质的面料，能够塑造出风格各异的视觉效果。现代晚礼服受到各种思维方式和文化差异的影响，款式风格也多种多样。

2.2.1 手把手教你——晚礼服搭配设计方法

晚礼服的设计搭配需要掌握以下几点特征。

特征1： 发展至今，现代晚礼服设计多种多样，款式可简洁可烦琐，不同款式风格的晚礼服体现着穿着者形色各异的风格气质。

特征2： 晚礼服多为修身剪裁，以突出女性妖娆独特的曲线美感。蕾丝和细腰带的点缀更为整体造型锦上添花。

特征3： 晚礼服通常穿着于正式场合，所以服装色彩的选用不会太过花哨，可以通过剪裁缝制或蕾丝镶嵌工艺等细节，丰富整体造型设计内容。

2.2.2 晚礼服搭配设计方案——举一反三

掌握晚礼服的三点特征，合理发挥要点并运用到实际操作当中。

1.服装整体选用黑色作为主色调，红色和玫粉色相结合作为搭配，以中和黑色带给人的沉重压抑感，同时突显出女性娇柔艳丽的一面，两色形成强烈鲜明的对比冲击。

2.服装设计搭配灵感来源于哥特风格，宽大的裙摆布满缥缈的灰白色印花图案，与黑红相间的镶钻高跟鞋形成风格上的统一，突显服装整体设计雍容华贵的同时保有英气挺拔的涵养气场。

3.选用玫红色宝石耳坠作为细节搭配，在视觉效果上可以呈现出一种舒适和谐的过渡感，更增添娇艳妩媚的成熟女性气息。

RGB=30,28,31
CMYK=84,81,76,63

RGB=157,46,42
CMYK=43,94,94,10

RGB=186,4,61
CMYK=35,100,73,1

RGB=74,73,79
CMYK=76,70,61,23

RGB=250,228,160
CMYK=5,13,44,0

1.明度对比

低明度	高明度
色彩明度低的服装面料适用于晚宴着装，黑色在视觉感受上呈上一定的收缩感，并且能够衬托穿着者更为雍容华贵的气质	高明度的晚宴服装色彩搭配，给人以高雅圣洁的印象，选用大红色的饰品搭配给人以欢快、喜悦的视觉感受

2.色相对比

粉色调	黄色调
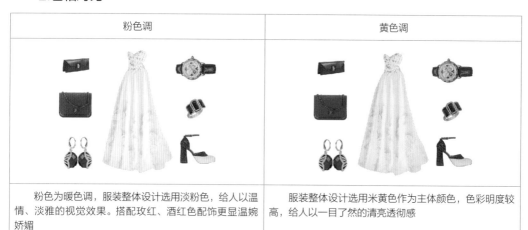	
粉色为暖色调，服装整体设计选用淡粉色，给人以温情、淡雅的视觉效果。搭配玫红、酒红色配饰更显温婉娇媚	服装整体设计选用米黄色作为主体颜色，色彩明度较高，给人以一目了然的清亮透彻感

3.搭配对比

皮草短外套搭配	小香风短外套搭配
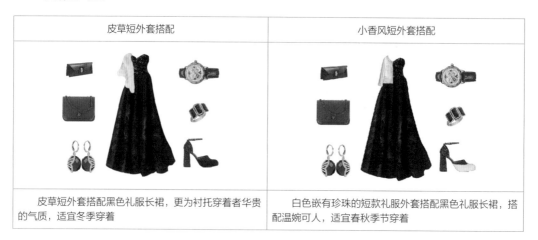	
皮草短外套搭配黑色礼服长裙，更为衬托穿着者华贵的气质，适宜冬季穿着	白色嵌有珍珠的短款礼服外套搭配黑色礼服长裙，搭配温婉可人，适宜春秋季节穿着

4.同类风格对比

2.2.3　性感优雅的晚宴连衣裙

设计说明　服装以黑夜作为服装设计灵感来源，点缀在其间飘散状的花朵极具律动感。

色彩说明　藏蓝色给人以稳重大方的感觉，裙摆处的白色雏菊更是带给人春天般的蓬勃生机。

- RGB=53,50,60 CMYK=81,78,65,40
- RGB=13,56,117 CMYK=100,90,37,2
- RGB=164,180,60 CMYK=45,21,88,0
- RGB=208,36,32 CMYK=23,96,97,0

1. 宽松的下摆设计对比更能突显腰身的纤细。
2. 图案应用于服装下部给人以清新高雅的感觉。
3. 整体设计将性感优雅与清新完美合为一体。

2.2.4　简洁典雅的晚宴长裙

设计说明　服装设计摒弃华美的蕾丝珠宝装饰，素白色一字肩长裙完美地诠释了高贵与优雅。

色彩说明　服装选用白色作为主色调，肩部与腰部装饰有镂空元素，整体设计大方典雅。

- RGB=155,149,145 CMYK=46,40,39,0
- RGB=220,220,218 CMYK=16,12,13,0

1. 素气的晚宴连衣裙一样可以引人注目。
2. 镂空元素的点缀使服装整体更加明亮清新。
3. 简洁的服装款式更能增添大气典雅之感。

2.2.5　晚宴服装色彩搭配秘笈——用色彩凸显气质

关键词：清新　　　　　　　　　关键词：热情　　　　　　　　　关键词：典雅

　　浅绿色总能给人以冰激凌般的清凉感，高跟鞋一抹靓丽的玫红更是女人味十足

　　亮绿色总给人奇妙的惊喜，明度高低的巨大差异造就了热情洋溢的美丽

　　出席正式的晚宴场合，金色印花面料晚礼裙绝对是引人注目的选择，尊贵又不失礼仪

2.2.6　优秀搭配鉴赏

2.3 时尚风格服装

    时尚是不分年龄层次、受众群体的大众所共同追求的精神目标。什么样的服装属于时尚风格服装?时尚并非年轻的专属代名词,而是结合隶属于自己的气质过滤出的新奇事物。时尚风格服装的特点在于推陈出新的态度与时尚前卫的设计理念,更重要的是能够准确烘托出服装风格的细节搭配以及舒适的穿着感受,才能够更加完善充分地突显出自身特点以及对时尚的认知与理解。

2.3.1 手把手教你——时尚风格服装搭配设计方法

时尚风格服装的设计搭配需要掌握以下几点特征。

特征1： 现代时尚潮流方向讲究风格设计的时尚大胆，将不同元素风格合理完善地融为一体，自成一派。

特征2： 版型的剪裁设计也尤为重要，同样面料通过不同颜色的晕染与不同款式的版型设计相结合，焕发出具有不同风格美感的艺术冲击力的时尚风格服装。

特征3： 合理的色彩搭配是时尚风格服装的关键元素。时尚风格服装用色创新大胆，但并非胡乱拼凑，在遵循配色法则的基础上搭配出引领潮流的服装配色。

2.3.2 时尚风格服装搭配设计方案——举一反三

掌握时尚风格服装的三点特征，合理发挥要点并运用到实际操作当中。

1.服装剪裁简洁精炼，将卫衣和衬衫合理巧妙地融为一体，宽松的卷袖设计在运动装上，穿着更为便利，整体风格阳光活泼、运动感十足。

2.服装整体造型版型立体硬挺，给人以整齐利落的视觉印象。橘色的线条更是将服装整体线条重点刻画出来，丰富服装细节内容的同时具有舒适的穿着感受，雪纺材质清凉透薄，太空棉质地硬挺吸汗，最适用于时尚风格运动着装。

3.服装整体由灰、白、橘三色构成，选用灰色作为主要色调，白色作为辅助色来搭配使用，橘色作为点缀色提亮整体色彩搭配明度，服装整体配色方案简约舒适。

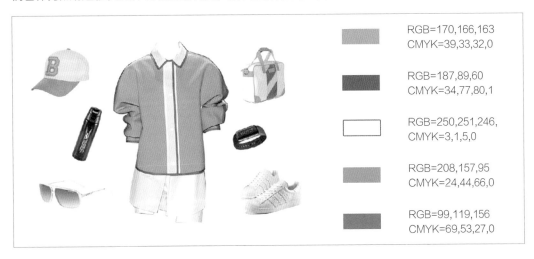

RGB=170,166,163
CMYK=39,33,32,0

RGB=187,89,60
CMYK=34,77,80,1

RGB=250,251,246,
CMYK=3,1,5,0

RGB=208,157,95
CMYK=24,44,66,0

RGB=99,119,156
CMYK=69,53,27,0

1.明度对比

低明度	高明度
明度较低的深色服装在视觉感受的影响下，会产生一定的收缩感，并且与奶白色衬衫产生明度差异，使服装整体结构富有律动的活跃生机感。但饱和度过高的颜色会显得沉重、压抑	高明度色应用于时尚风格服装搭配，能够给人以清新亮丽的视觉印象。但亮度过高的色彩搭配会给人轻浮、蔑视的印象

2.色相对比

粉色调	紫色调
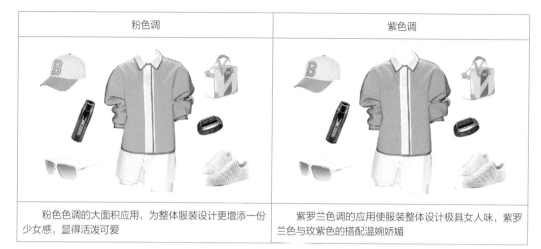	
粉色色调的大面积应用，为整体服装设计更增添一份少女感，显得活泼可爱	紫罗兰色调的应用使服装整体设计极具女人味，紫罗兰色与玫紫色的搭配温婉娇媚

3.搭配对比

牛仔外套搭配	风衣外套搭配

立体剪裁的修身职业装，将身材完美地呈现	宽松的长袖剪裁职业装，更为舒适、轻松

4.同类风格对比

2.3.3　简洁前卫的夏装搭配

设计
说明　服装整体造型设计简洁清新，适宜夏季穿着。

色彩
说明　服装使用高饱和度亮黄色与低饱和度牛仔蓝色，进行交叉对比搭配，整体服装配色清新亮眼。

■　RGB=10,36,56 CMYK=98,88,63,45
■　RGB=49,92,213 CMYK=84,65,0,0
□　RGB=240,244,71 CMYK=15,0,76,0
□　RGB=240,244,71CMYK=15,0,76,0

1.服装设计充满浓郁的夏日气息，风格轻快明亮。
2.泡泡袖与热裤搭配，为版型设计可爱加分。
3.高低明度撞色的搭配使用，使服装更为亮眼。

2.3.4　时尚随性的秋装搭配

设计
说明　服装独特的内衬设计与富有光泽感的外套，组合成极具时尚风格的秋装搭配。

色彩
说明　黑、白、灰色构成服装整体色彩搭配，给人以简洁中性的视觉印象。

■　RGB=29,29,29 CMYK=84,79,78,63
■　RGB=130,135,129 CMYK=56,44,47,0
□　RGB=221,225,228CMYK=16,10,9,0

1.具有珠光质感的棒球外套为服装增添质感。
2.服装色彩搭配率性简洁，充满中性气息。
3.面料密实，款式宽松随性，适宜日常穿着。

2.3.5　时尚风格服装色彩搭配秘笈——用色彩转换风格

关键词：稳重

　　藏蓝色给人以成熟、稳重的视觉印象，搭配淡蓝色与白色形成舒适的明暗过渡

关键词：简洁

　　酒红色与白色形成巨大的对比冲击，服装整体配色更为简约亮眼

关键词：典雅

　　酒红与粉红色的搭配，使服装搭配设计中充满妩媚且羞涩的色彩情感

2.3.6　优秀搭配鉴赏

2.4 自然风格服装

　　自然风格服装定位于随性舒适的面料款式，廓形宽松的版型设计。自然风格服装撇去烦琐复杂的细节元素，回归纯朴自然的搭配风格。自然风格服装多以棉麻或毛呢磨砂等粗糙质地面料选材，色彩搭配自然柔和，给人以舒适的视觉感受。服装风格更多突出穿着者纯朴、自然的一面，呈现出一种亲近自然的气质与生活状态。

2.4.1　手把手教你——自然风格服装搭配设计方法

自然风格服装的设计搭配需要掌握以下几点特征。

特征1： 自然风格服装常以清新质朴的形式呈现出来，服装配色色彩饱和度较低，图样简洁清爽，多给人以舒爽明朗的视觉体验。

特征2： 自然风格以简洁舒适作为版型设计的基础要求，松阔的版型传达出慵懒随性的生活态度，正是自然风格服装所追求的审美取向。

特征3： 自然风格服装以款式简洁作为主要特色，所以不会应用过于烦琐复杂的细节装饰元素，在面料的选取方面也会选用棉麻或磨毛等粗糙质感面料，为整体服装增添更为丰富的内涵层次。

2.4.2 自然风格服装搭配设计方案——举一反三

掌握自然风格服装的三点特征，合理发挥要点并运用到实际操作当中。

1.服装依然以简洁大方的风格作为主体基调，不用过多元素细节修饰，仅靠两件普通单品搭配就营造出低调朴实的自然风格氛围。

2.服装定义为直筒形状，这样既保留舒适的穿着感受，又能够充分展现女性的知性质朴的独特魅力，裸色大包与嫩粉色高跟鞋的搭配相结合，塑造出居家随性的女性形象，给人以风格文雅简约的印象。

3.服装整体以棕色作为主色调，米灰色作为辅助色，在淡粉色、浅湖蓝色等低饱和度色彩的衬托下更为突出服装主体风格。

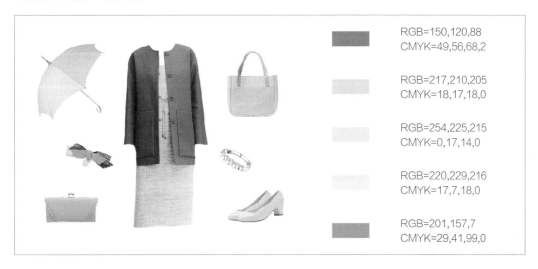

RGB=150,120,88
CMYK=49,56,68,2

RGB=217,210,205
CMYK=18,17,18,0

RGB=254,225,215
CMYK=0,17,14,0

RGB=220,229,216
CMYK=17,7,18,0

RGB=201,157,7
CMYK=29,41,99,0

1.明度对比

低明度	高明度
低明度色彩应用于自然风格服装，会给人以成熟、老练的视觉印象。但色彩过深的单品搭配在一起会给人压抑、沉闷的感受	高明度的单品搭配在一起，给人雾化的虚拟视觉感受，充满浓厚的日系着装风格气息。但明度过高的服装配色搭配，会给人轻薄、浮躁的印象

2.色相对比

粉色调	黄色调

粉色调的应用，给人以少女感十足的视觉感受，服装风格取向也由此更加年轻化	服装融入姜黄色的色彩元素，使服装整体内容更加鲜活，富有律动性

3.配色对比

紫红搭配方案	灰绿搭配方案

紫红色外套与淡紫色打底裙的搭配，突显出十足的女性韵味，给人成熟妩媚的视觉印象	黄绿色与灰色的搭配结合，给人以知性睿智的印象，搭配服装款式设计更显典雅端庄

4.同类风格对比

2.4.3　田园淑女的自然风格服装

服装整体设计给人以浓厚的秋意感，服装搭配简约清新，甜美婉约。

衬衫裙印有淡绿相间的麦穗图样，搭配淡蓝色做旧感牛仔上衣，色彩搭配清爽律动。

- RGB=115,126,154 CMYK=63,50,30,0
- RGB=188,178,147 CMYK=32,29,44,0
- RGB=2,201,206 CMYK=24,19,16,0

1. 服装整体风格田园清新，突出质朴简洁的美感。
2. 宽松舒适的版型设计，更为符合主旨特点。
3. 低饱和度色彩搭配，给人以舒适的视觉感受。

2.4.4　阳光率性的自然风格服装

服装以原生态的服装款式设计，诠释出自然风格随意中性的一面。

服装整体选用浅卡其色搭配酒红色凉鞋，产生阴柔与阳刚强烈的性质对比。

- RGB=93,27,25 CMYK=56,94,93,45
- RGB=207,200,190 CMYK=22,21,24,0
- RGB=215,206,209 CMYK=19,20,14,0

1. 服装风格更倾向于中性，整体线条简洁明朗。
2. 服装面料舒适，版型松阔，更便于日常活动。
3. 配色鲜亮明快，给人舒畅的视觉感受。

2.4.5 自然风格服装色彩搭配秘笈——用色彩转换服装风格

关键词：成熟

熟褐色中裙与米色无袖上衣的色彩搭配，能够呈现出沉稳、干练的印象

关键词：典雅

紫罗兰色与玫紫色是极具女人味的色彩搭配组合。服装整体呈现出错落有致的渐变感

关键词：知性

军绿色和红棕色给人以刚烈、睿智的女性形象。服装色彩明暗对比具有强烈的视觉冲击

2.4.6 优秀搭配鉴赏

2.5　民族风格服装

　　现代民族风格服装都是通过改良后符合现代审美的服装设计。在继承与尊重传统的基础上，结合现代社交工作等各种场合因素，添加现代更为先进精密的工艺元素，是一种全新形态的服装类型。民族风格服装通过多种文化的交流碰撞，形成独特而充满历史感的特色服装风格。

2.5.1　手把手教你——民族风格服装搭配设计方法

民族风格服装的设计搭配需要掌握以下几点特征。

特征1： 民族风格服装并不是名义上的传统民族服装，而是融入传统元素改良风格的现代服装，是兼备古典美与现代着装习惯的文化产物。

特征2： 民族风格服装，或剪裁立体或版型修身，从细微的角度出发都能够塑造极具传统女性独有的复古风韵。

特征3： 民族元素风格强烈的服装，通常主体色彩明度偏低，丰富多彩的花纹图样是民族风格服装的点睛之笔，独具特色的装饰，使得民族风元素屹立于潮流中经久不衰。

2.5.2　民族风格服装搭配设计方案——举一反三

掌握民族风格服装的三点特征，合理发挥要点并运用到实际操作当中。

1.服装灵感来源于意大利南部传统服装，服装花样与配饰极具中世纪欧洲风格，融入现代风格的款式改良，服装整体给人以奢华独特的衣着印象。

2.修身的版型设计，更为凸显女性身体曲线。厚雪纺材质具有垂感，使服装整体设计更具立体视觉感。服装配饰均选用具有民族风格的金属感配饰，包饰的独特设计更是为服装整体造型增添一道亮眼的风景，给人以独特的复古视觉感。

3.服装以黑色作为主色，茄红色和酒红色作为辅助色，军绿色作为点缀色。整体配色方案产生巨大的明暗度对比，比例和谐，视感鲜亮。

RGB=45, 39,41
CMYK=79,78,73,54

RGB=223,47,32
CMYK=414,92,93,0

RGB=152,31,33
CMYK=49,56,68,2

RGB=114,118,87
CMYK=63,51,71,5

RGB=200,173,110
CMYK=28,34,62,0

1.明度对比

低明度	高明度
低明度色彩应用于民族风格服装，展现出独特的哥特风格视感。但明度过低，会使服装整体给人老旧、沉闷的感受	高明度应用于民族风格服装，会给人鲜亮、活泼的视觉感受。但明度过高，服装色彩不够浓郁饱满，不能充分体现服装特色

2.色相对比

红色调	紫色调

大面积使用红色调，给人以喜气欢快的视觉效果，红色呈现出朝气、喜悦的感觉	紫色调的应用，为服装整体设计营造一种浪漫的氛围，紫色给人优雅温情的印象

3.搭配对比

皮草披肩搭配	修身西服搭配

皮草搭配民族风格，更添复古华贵的神韵	修身长款西服的搭配，更突显职业干练气息

4.同类风格对比

**Dress Collocation
Design**

服装搭配设计基础教程

2.5.3　融入现代元素的民族风格服装搭配

设计说明　服装造型追求一种凌驾于现代思想的设计思维，与传统民族元素进行交汇融合。

色彩说明　服装主体以黑色作为主体色调，这样更为突出具有民族风格的服装配饰色彩特点。

- RGB=255,11,68 CMYK=0,95,62,0
- RGB=18,18,21 CMYK=88,84,80,70
- RGB=163,170,179 CMYK=42,30,25,0
- RGB=255,186,0 CMYK=2,35,90,0

1.从裙摆、包饰、头饰等更好融入特色元素。
2.胸口处交叉设计，更为增添服装细节内涵。
3.高腰蕾丝裙，将腿部线条体现得更加修长。

2.5.4　充满异域风情的民族风格服装搭配

设计说明　服装整体造型遵循传统的民俗风格特点，在力求原汁原味的同时融入现代元素。

色彩说明　服装图案配色清爽和谐，搭配宽松的款式设计，更为服装整体增添浓郁的西域风情。

- RGB=205,54,0 CMYK=25,90,100,0
- RGB=245,188,89 CMYK=7,33,69,0
- RGB=67,177,202 CMYK=69,15,22,0
- RGB=235,235,227 CMYK=10,7,12,0

1.橘黄色球状耳坠与凉鞋相互呼应，提亮明度。
2.雪纺材质与宽松款式相结合，穿着感更为舒适。
3.手包与服装色彩相扣题，服装特点更加鲜明。

2.5.5　民族风格服装色彩搭配秘笈——用色彩展现精神面貌

关键词：经典

黑、白色是最为经典的配色组合，而黑色既可以作主色，又可以作辅助色，将民族元素图案更好地诠释出来

关键词：活力

柠檬黄色的上衣搭配，衬托服装整体更为青春朝气，富有活力，高明度也给人带来欢快、愉悦的视觉感受

关键词：热情

大红色给人以热情似火的视觉印象，搭配民族风格元素，能够呈现出更为独特的女性气质

2.5.6　优秀搭配鉴赏

2.6　优雅风格服装

　　优雅的服装风格通过改良结合传统内涵思想，融入古典文雅的细节元素。现代风格优雅元素服装讲究特点元素的巧妙融合和合理的色彩搭配方案，以及布料的选用和款式的合理剪裁。具有质感及特色的服装饰品，使得女性独有的温婉典雅的气质得到更好的体现。另外，优雅风格服装不会使用纷杂的色彩搭配方案，大多使用三色以内的色彩调配，其亮点在于精致的饰品以及淡雅的妆容搭配。

2.6.1 手把手教你——优雅风格服装搭配设计方法

优雅风格服装的设计搭配需要掌握以下几点特征。

特征1： 优雅风格服装的特点在于简洁精妙的款式剪裁，以及单一的色彩搭配，通常搭配不会超过三色以上，整体搭配给人以简约时尚的高品质视感。

特征2： 优雅风格服装虽以简约作为主要特点，却可以运用多种材质面料增添设计层次感，为突显服装风格打下基调。

特征3： 服装版式款型并没有特定的标准。修身的款式设计更为凸显女性曲线，宽松的版式设计为穿着者更增添一份摩登中性的优雅气息。无论何种款式搭配，都能够将穿着者的自身气质升华得更为精致典雅。

2.6.2 优雅风格服装搭配设计方案——举一反三

掌握优雅风格服装的三点特征,合理发挥要点并运用到实际操作当中。

1.贴身的裁剪和简洁设计使这套职业装连衣裙显得非常大气,肩膀处金色的钻石点缀极大程度地提升了连衣裙的设计感,体现出优雅又不失干练的气质。

2.职业装的搭配应用选择突显气质和专业的配色,在本作品中以绿色和金黄色这一组典型的对比色为主色调,在大面积白色的衬托下既突出又和谐,并且紫色和金黄色的搭配也能够体现出优雅、大方的感觉。

3.黄绿的套装搭配紫色的高跟鞋和手拎包,颜色简洁、和谐。点缀蓝色的装饰更有一种直率、干练的效果,简单大气中带着现代时尚感。

RGB=249,205,161
CMYK=3,26,38,0

RGB=66,99,79
CMYK=78,54,74,14

RGB=239,223,207
CMYK=8,15,19,0

RGB=165,128,112
CMYK=43,54,54,0

RGB=40,39,44
CMYK=83,79,71,53

1.明度对比

低明度	高明度
深色也是职业装中经常使用的颜色,但是对于春夏季节的职业装,明亮、干练的颜色更容易突显个人气质。如果整体搭配的颜色明度过低的话,会给人一种压抑、老成的感觉	高明度的服装搭配比较适合职业装,能够给人整洁、利落的感觉。但是如果明度太高的话,则会显得过于轻浮

2.色相对比

红色调	黄色调
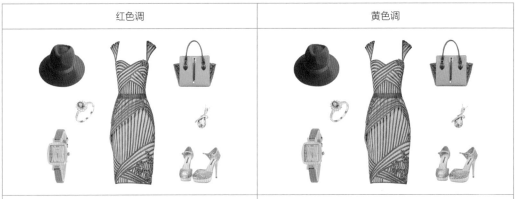	
服装整体应用了强烈的红色调，给人鲜明的视觉效果。红色给人热情、积极的感觉	整体应用了黄色调，给人鲜明的视觉效果。黄色给人积极、阳光的感觉

3.配色对比

紫色渐变色搭配方案	米金色搭配方案

立体剪裁的修身职业装，将身材完美地呈现	米色更能突显裙子本身的质感和女性高贵的气质，而且米色比较百搭

4.同类风格对比

2.6.3　复古端庄的优雅风格连衣裙搭配

设计说明　服装设计具有浓厚的中世纪欧洲气息，举手投足间尽显女性的睿智与优雅。

色彩说明　水蓝色与姜黄色的对比给人柔和的视觉感受，黑色明暗对比使服装整体极具层次质感。

　RGB=173,193,199 CMYK=38,19,20,0
　RGB=114,141,125 CMYK=62,39,53,0
　RGB=188,139,60 CMYK=34,50,85,0
　RGB=1,1,5 CMYK=93,89,86,78

1.不同明暗度的色彩调和，为服装风格增添内涵。
2.中长款裙身设计搭配，更为拉伸腿部比例。
3.丝巾的搭配与服装设计，呈现出完美的融合。

2.6.4　率性柔美的优雅风格套装搭配

设计说明　宽松款式的风衣马甲，搭配质感挺括的衬衫内饰，呈现出英气挺拔、优雅华贵的姿态。

色彩说明　灰蓝色与鹅黄色形成了完美的质感拼接，也更为突显穿着者冷峻优雅的神韵。

　RGB=185,192,198 CMYK=32,22,19,0
　RGB=234,200,169 CMYK=11,26,34,0
　RGB=158,138,132 CMYK=45,47,44
　RGB=98,119,160 CMYK=69,53,24,0

1.服装整体设计以中性的表现手法呈现优雅。
2.服装色彩搭配方案简洁和谐，富有质感。
3.宽松的款式设计更为烘托女性的慵懒与优雅。

2.6.5　优雅风格服装色彩搭配秘笈——用色彩转换服装风格

关键词：大方 关键词：清雅 关键词：活力

白色低领衬衫与斑点长裙的搭配结合，营造出一种淡雅文静的氛围气息

高明度的水蓝色给人以轻灵、纯净的视觉印象，与长裙的搭配设计更为突显优雅气息

明亮的草绿色带给人活力四射的感觉，给服装整体搭配注入激情四射的色彩元素

2.6.6　优秀搭配鉴赏

2.7 华丽风格服装

　　华丽风格可以通过花纹面料、色彩搭配、款式设计进行格调化的诠释。华丽风格服装通常应用于晚宴或正式场合穿着，华丽的线条与花纹设计是华丽风格的基调元素，简洁的设计可以为华丽风格增添时尚摩登感。线条与色块形成的巨大差异也使服装整体设计形成鲜明的视觉冲击。面料的质感与透明度差异也能构建出富有层次感的视觉效果。服装款式设计是决定整体构造的关键，华丽风格服装款式特征风格迥异，需要与穿着者自身的条件相结合，才能为穿着者增光添彩。

2.7.1 手把手教你——华丽风格服装搭配设计方法

华丽风格服装的设计搭配需要掌握以下几点特征。

特征1： 华丽风格服装历经时代的变迁洗礼，款式设计早已不局限于裙装的设计应用。掌握好上下装的裁剪比例，能够更为优化穿着者的身材比例。

特征2： 华丽元素应用于婚纱礼服的面积不宜过大，选用厚重的垂感面料与上下呼应的元素设计能够更好地衬托出服装整体造型的优雅华贵之感。

图样花纹在华丽风格服装中也起着至关重要的作用，随性不规则的图样和色彩搭配方案，并不适用于华丽风格服装设计。

2.7.2　华丽风格服装搭配设计方案——举一反三

掌握华丽风格服装的三点特征，合理发挥要点并运用到实际操作当中。

1.贴身的剪裁设计，能够充分展现出成熟女性所具有的曲线美感。高腰宽绑带的安置，在丰富整体细节的同时，在视觉角度上也具有一定的拉伸感，塑造纤细高挑的效果。

2.紫色的配饰与金色裙体搭配，形成鲜明的色彩明暗度对比。紫红色调的口红和服装造型营造出馥郁浓香的华贵氛围。服装整体配色方案给人以强烈的视觉冲击感，钻饰的装点更为服装整体增添细致的内涵细节。

3.配饰中融入豹纹元素，与服装的华丽风格主旨相契合，做到很好的铺垫和衬托作用，使得服装整体设计更具浓厚的女人味。

RGB=187,173,137
CMYK=33,32,48,0

RGB=1,1,13
CMYK=94,92,80,74

RGB=119,29,114
CMYK=68,100,30,0

RGB=244,217,145
CMYK=8,18,49,0

RGB=221,215,198
CMYK=16,15,23,0

1.明度对比

低明度	高明度

低明度的服装色彩，能够表达更为浓厚饱满的情绪内容。但服装色彩明度过低，易给人以庸俗、沉重的印象	高明度的色彩应用于华丽风格服装，能够呈现出富丽堂皇的视觉景象。但是明度过高的服装色彩方案，易给人以轻浮、厌恶的感受

2.色相对比

紫色调	橘色调

大面积的紫色调应用，给人妖娆妩媚的视觉感受。紫色给人浪漫、优雅的感觉	橘色调服装，给人年轻活力的新鲜感觉。能够更为衬托穿着者鲜活生机的气质

3.配色对比

紫金色拼接搭配方案	粉金色拼接搭配方案

紫金色的搭配，在金色的主体色调上添加了更为丰富的内涵体系，充分凸显女性的浪漫、娇柔美感	粉金色服装色彩搭配方案，在视觉效果上呈现出更具有层次质感的内容表达，更为体现女性优雅华贵的神态内涵

4.同类风格对比

2.7.3 　动感热烈的华丽风格服装搭配

设计说明 服装整体造型，传达给观众热情如火般的视觉感受，多种面料的叠加是服装的亮点。

色彩说明 大面积应用红色给人以强烈的视觉冲击感，橘色欧根纱轻盈的质地将服装整体风格体现得更加炉火纯青。

■ RGB=245,54,46 CMYK=1,90,80,0
■ RGB=215,155,111 CMYK=20,47,57,0
■ RGB=82,28,27 CMYK=59,91,87,50

1.暖色调的应用能够更强烈地体现服装风格。
2.不同明暗度的色彩叠加使服装设计更具质感。
3.整体设计紧凑富有活力，面料富有律动垂感。

2.7.4　轻盈朦胧的华丽风格服装搭配

设计说明　服装大面积使用薄纱材质，为服装整体造型营造出浪漫兼率性的氛围。

色彩说明　服装以白、灰作为主体色调，以不同面料质地和图案形式，营造出多元的视觉效果。

- RGB=226,222,225 CMYK=13,13,9,0
- RGB=195,135,106 CMYK=29,54,57,0
- RGB=109,102,107 CMYK=366,61,53,4

1.轻薄的薄纱材质，能够给人以轻快愉悦的感受。
2.使用黑白灰能够平衡多元素带来的杂乱感。
3.高腰绑带设计能够巧妙地拉长腿部比例。

2.7.5　华丽风格服装色彩搭配秘笈——用色彩展现服装内涵

关键词：沉稳

驼色雪纺裤与蛇皮质感光泽服装搭配，给人以成熟睿智的成熟女性印象

关键词：清亮

水蓝色应用为服装整体造型增添了亮眼的一笔，给人清澈凉爽的印象

关键词：摩登

姜黄色给人以浓厚的异域风情印象，与上装搭配更显悠闲雅致的气息

2.7.6　优秀搭配鉴赏

Dress Collocation Design

3

服装材料的搭配

本章节主要阐述服装材料的搭配方案与装饰手法。服装面料的选材多种多样，不同的材质面料对应着不同的服装风格，服装面料本身就是一种能够诠释服装情感的语言。

● 服装面料选材与剪裁手法起着决定性作用，赋予服装整体设计全新的定义。

● 配饰同样是能够衬托服装整体设计、提点服装主体内涵的必不可少的细节搭配。

● 合理均衡的服饰面料选材方案，是能否创作出成功的服装设计方案的关键所在。

3.1 薄纱类

    随着时代的变迁洗礼，现代女性的着装也更为开放，不再拘泥于曾经保守、老旧的着装风格，将女性特有的曲线美升华为内涵更为丰富的现代美。薄纱材质轻薄、可塑性强，能够结合各种服装风格进行组合搭配。薄纱类主要用于夏季服装的选材用料，透气轻薄的面料性质，能够带给穿着者舒适的体验。

3.1.1 手把手教你——薄纱类服装搭配设计方法

薄纱类服装的设计搭配需要掌握以下几点特征。

特征1： 薄纱面料单独进行剪裁设计，给人大胆奔放的印象；叠加于其他材质面料之上，带给人朦胧般的雾气美感，丰富服装整体造型的层次质感。

特征2： 薄纱面料的色彩通常较为清淡，白色或半透明能够与不同色系或明度的色彩布料相搭配，几乎是百搭的色彩首选。

特征3： 薄纱类服装面料的风格，通常以清淡雅致为主，能够完整地塑造温婉的女性形象。不同硬度和长度的薄纱面料，都能给人带来截然不同的视觉体验。

3.1.2　薄纱类服装搭配设计方案——举一反三

掌握薄纱类服装的三点特征，合理发挥要点并运用到实际操作当中。

1.服装整体设计洋溢着浓厚的热带波希米亚气息，上装的材质较为厚重，而下装的薄纱材质设计恰好中和了厚重感，给人均衡并富有层次的设计感。

2.服装使用米色作为主体色调，高明度、低饱和度的色彩运用，能够更好突出斑斓点缀图案，更为鲜明地体现服装风格特色。浅米色薄纱在整体设计中更增添一种若隐若现的朦胧美感。

3.配饰均选用低饱和度色彩，首饰的色彩选择既不抢夺服装主体的特色亮点，还能起到很好的衬托作用。

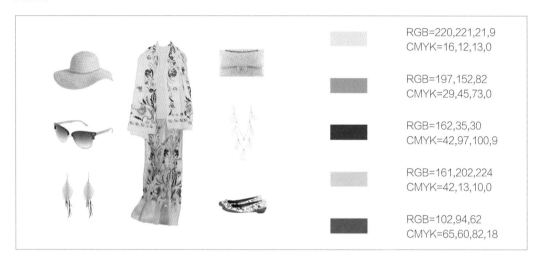

RGB=220,221,21,9
CMYK=16,12,13,0

RGB=197,152,82
CMYK=29,45,73,0

RGB=162,35,30
CMYK=42,97,100,9

RGB=161,202,224
CMYK=42,13,10,0

RGB=102,94,62
CMYK=65,60,82,18

1.明度对比

低明度	高明度
低明度色彩应用于薄纱类服装设计，带给人沉稳的视觉印象。但明度过低的色彩搭配方案呈现出过于压抑、沉闷的感觉	高明度色彩适用于薄纱类服装，会使服装色彩表现得更为明亮清透。但色彩明度过高的服装搭配会给人一种轻蔑、浮躁的感受

2.色相对比

粉色调	紫色调
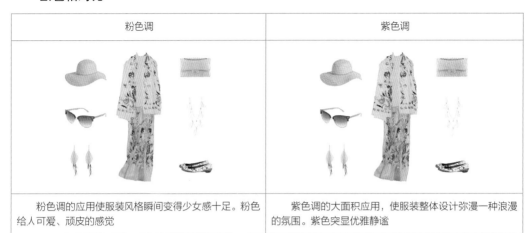	
粉色调的应用使服装风格瞬间变得少女感十足。粉色给人可爱、顽皮的感觉	紫色调的大面积应用,使服装整体设计弥漫一种浪漫的氛围。紫色突显优雅静谧

3.配色对比

米黄色拼接搭配方案	米紫色拼接搭配方案
黄色的薄纱设计,更显穿着者华贵优雅气质	紫色薄纱为整体设计增添迷幻缥缈美感

4.同类风格对比

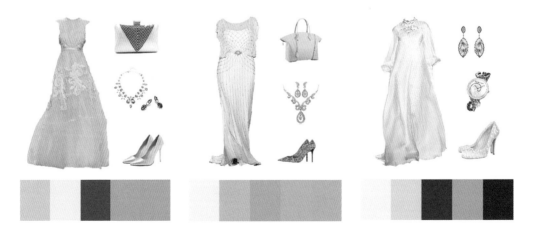

3.1.3 撞色鲜明的薄纱材质服装搭配

设计说明 服装融入朋克风格元素，与服装主体甜美、端庄的形象气息形成鲜明的对比。

色彩说明 就色彩明度和饱和度而言，黑白配色是抢眼的配色方案，将阳刚和阴柔进行很好的交汇融合。

RGB=229,223,211 CMYK=13,13,18,0
RGB=182,149,131 CMYK=35,45,46,0
RGB=30,26,20 CMYK=81,79,86,67

1.薄纱笼罩于裙外，给人轻盈缥缈的视觉感受。
2.黑白搭配出挑经典，带给人更多元的感受。
3.服装整体设计兼具率性与柔美知性的气息。

3.1.4 蓬松优雅的薄纱材质服装搭配

设计说明 服装款式质感蓬松，细节处的刻画也详细丰富，将服装整体设计诠释得更为完整细致。

色彩说明 服装整体设计使用大面积的水蓝色作为主体色调，水蓝色薄纱的叠加使用使服装造型别具质感。

RGB=127,142,187 CMYK=57,43,13
RGB=215,155,111 CMYK=20,47,57,0
RGB=81,98,126 CMYK=77,63,41,1

1.裙摆处网状设计更为丰富服装整体内涵细节。
2.高腰设计使得上身更为纤瘦，拉长身体比例。
3.丰富的细节设计使服装整体搭配更为具体。

3.1.5　薄纱类服装色彩搭配秘笈——用色彩凸显气质

关键词：典雅　　　　　　　　　　关键词：华贵　　　　　　　　　　关键词：浪漫

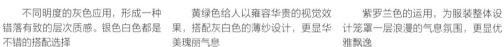

不同明度的灰色应用，形成一种错落有致的层次质感。银色白色都是不错的搭配选择

黄绿色给人以雍容华贵的视觉效果，搭配灰白色的薄纱设计，更显华美瑰丽气息

紫罗兰色的运用，为服装整体设计笼罩一层浪漫的气息氛围，更显优雅飘逸

3.1.6　优秀搭配鉴赏

3.2 针织类

　　针织面料是介于正装面料的庄重严肃和纯棉面料的悠闲舒适之间的一种服装面料。针织面料具有很好的弹性和颜色搭配性，这种可塑性极强的材质面料，可以应用于多种风格的服装搭配设计。无论是清新可爱，还是摩登时尚，或是高贵典雅，针织面料都能很好地诠释设计情感。其舒适柔软的穿着感受，也深受穿着者与设计师的喜爱。

3.2.1　手把手教你——针织类服装搭配设计方法

针织类服装的搭配设计需要掌握以下几点特征。

特征1： 针织面料质地柔软、延展性强，因此通常以休闲百搭的风格形态出现于大众的面前。针织面料密度高、保暖性能很好，常用于秋冬服装的设计搭配。

特征2： 针织面料服装的版型设计多种多样。宽松的版型突显随性休闲的气息；贴身版型设计则更为强调曲线美感，塑造娇柔妩媚的气质。两者都是日常生活中常用的版型搭配方法。

特征3： 颜色艳丽多彩，是针织面料服装的又一特色，或靓丽或淡雅的配色，都可以为寒冷枯燥的秋冬季节增添丰富的色彩情感。

3.2.2 针织类服装搭配设计方案——举一反三

掌握针织类服装的三点特征，合理发挥要点并运用到实际操作当中。

1.服装整体版型利落干练，上宽下紧的设计独具特色，将成熟女性的肢体美充分展现出来，并且拉长下身比例，使双腿显得更为纤细修长。

2.服装大面积选用军绿色作为主体色调，用于秋冬季节的服装配色是不错的选择，低明度和高饱和度的结合，能够给人温暖谦逊的视觉印象。白色彼得潘领与军绿色主体形成鲜明的视觉对比，为服装整体造型增添一丝含蓄内敛的细节内涵。

3.服装整体搭配配饰，以精明干练的成熟女性形象展现在大众面前，区别于传统正式着装。由于针织面料的特性，服装整体设计随性，散发着妩媚的情感信息。

RGB=101,90,38
CMYK=64,60,100,21

RGB=239,238,241
CMYK=8,7,4,0

RGB=85,79,86
CMYK=73,69,59,17

RGB=118,75,62
CMYK=56,73,75,21

RGB=18,106,92
CMYK=87,50,69,9

1.明度对比

低明度	高明度
低明度色彩应用于针织类服装，在视觉感受上会呈现一定的收缩感，黑白配色将服装衬托得更为简洁干练。但明度过低的配色，会给人一种沉闷、压抑的感觉	高明度服装配色，应用于针织类服装，给人鲜活亮丽的视觉感受，为服装整体造型增添活力。但明度过高的配色，会给人轻蔑、浮夸的印象

2.色相对比

紫色调	红色调

紫色调大面积应用于服装和配饰上,整体营造出精致优雅的浪漫氛围	服装主体与配饰选用红色系,带给人喜庆欢乐的视觉印象

3.剪裁对比

宽松长袖剪裁	修身立体剪裁

宽松长袖剪裁设计,外形美观的同时具有很好的保暖作用	修身立体的剪裁方法,将穿着者更为活力干练的一面很好地展现

4.同类风格对比

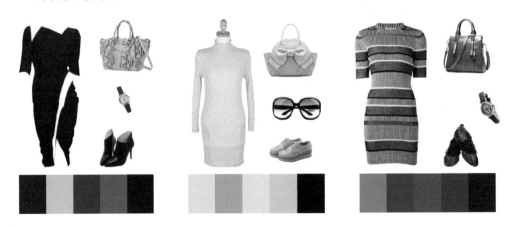

3.2.3　简洁率性的针织服装搭配

 宽松的针织毛衣，给人带去了最大限度的舒适感。前短后长的设计尽显服饰的时尚与个性。

色彩说明 整体以米白色为主，给人柔和、温暖的印象。同时搭配浅灰色的短裙，让这种氛围更加浓厚。

- RGB=190,188,176 CMYK=30,24,30,0
- RGB=102,119,127 CMYK=68,51,46,1

1.服装整体以休闲舒适作为主要风格。

2.针织面料柔软厚实，具有很强的保暖性能。

3.下身相同材质的短裙，让整体十分统一协调。

3.2.4　修身前卫的针织服装搭配

 水波纹的图案设计，是整体服装设计的亮点，使得服装风格更为律动活跃。

色彩说明 棕色与白色形成梦幻、律动的图案搭配，修饰穿着者笔直纤细的腿部线条。

- RGB=255,255,255 CMYK=0,0,0,0
- RGB=112,55,33 CMYK=54,82,95,32
- RGB=26,19,20 CMYK=83,83,81,69

1.服装整体搭配，偏向成熟职业女性着装风格。

2.版型设计松紧合宜，突显穿着者腰部线条感。

3.色彩搭配简洁合理，图案风格设计别出心裁。

3.2.5　针织类服装色彩搭配秘笈——用色彩彰显风情

关键词：知性

关键词：活跃

关键词：典雅

　　浅灰色上下装的色彩搭配，能够呈现一种温婉睿智的视觉情感

　　浅灰与草绿的搭配，给人以清新自然的视觉印象，将服装造型展现得更加生机勃勃

　　紫色的搭配，更是为服装整体造型画上了温情的一笔，更添浪漫柔情的氛围

3.2.6　优秀搭配鉴赏

3.3　皮革类

　　随着时代的发展变迁，皮革面料的应用在服装设计中随处可见。根据制造方式可分为人造革、合成革、真皮和再生皮。真皮材料需要经过多重处理加工才能应用到正式的产品制作中。不同材料性质的皮革面料，质感和厚度也有所不同，并且价格相差悬殊。皮革材质面料组织密实保暖，适合秋冬季节穿着。

3.3.1 手把手教你——皮革类服装搭配设计方法

皮革类服装的设计搭配需要掌握以下几点特征。

特征1： 皮革类服装多给人以朋克帅气的视觉印象。经过时间与潮流走向的变迁，皮革类服装也不再单一硬朗，融入更为多元化的风格元素，或甜美或摩登或知性。

特征2： 皮革材质面料富有光泽感，贴身的版型设计形式能够更为直观地展现穿着者的身体曲线。流线型的剪裁手法，使得皮革材质服装独具野性魅力。

特征3： 黑色用于皮革类服装最为广泛；将高明度的鲜艳色彩应用于皮革类服装，也能够呈现出截然不同的色彩情感，为皮革面料赋予了全新的内涵定义。

3.3.2 皮革类服装搭配设计方案——举一反三

掌握皮革类服装的三点特征，合理发挥要点并运用到实际操作当中。

1.皮革面料内置羊羔毛外套，搭配伞形印花衬衫裙，两种单品的搭配融合，丰富完善整体服装设计的细节内涵，使穿着者在随性帅气的饰物搭配下，还保有一份清新甜美。

2.外套和内衬裙选用相近色调搭配，以突出内衬裙图案的鲜明特点；同时金属元素的添加，更为丰富层次质感；米白色的鞋子搭配和低明度服装色彩形成巨大的视觉差异，使整体设计更为丰富具体。

3.服装整体造型充满浓郁的复古风情，通过款式的改变与单品搭配的改变，形成了一种独具特色、兼备现代潮流风格的皮革类服饰搭配风格。

RGB=37,30,24
CMYK=79,79,84,64,

RGB=37,197,201
CMYK=69,0,30,0

RGB=199,127,99
CMYK=27,59,59,0

RGB=245,231,186
CMYK=7,11,32,0

RGB=241,203,103
CMYK=10,24,66,0

1.明度对比

低明度	高明度
低明度色彩搭配，常应用于皮革类服装设计，能够起到明显的收缩视觉感。但色彩明度过低的服装配色方案，给人一种烦闷、沉重的视觉感受	高明度的服装色彩搭配，一反皮革类服装带给人帅气的印象，以清新自然的姿态展现在大众的面前。但明度过高的服装配色方案，会给人轻佻、浮躁的印象

2.色相对比

红色调	紫色调

红色调的应用为服装整体设计营造出喜气祥和的氛围。红色给人热情、活跃的印象	服装整体设计选用紫色作为色彩基调，给人静谧、浪漫的视觉印象

3.搭配对比

皮革羊羔毛马甲搭配	皮革羊羔毛皮衣搭配

马甲搭配方法使得服装整体造型变得更为俏皮可爱，富有青春气息	皮衣设计更为保暖实用，适合秋冬季节外出穿着，给人成熟知性的视觉印象

4.同类风格对比

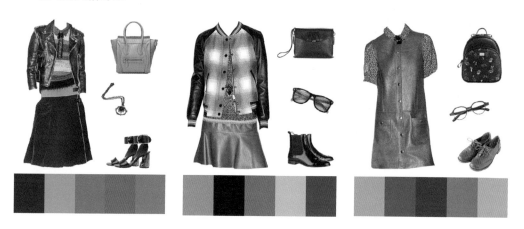

3.3.3 潇洒率性的皮革服装搭配

设计说明 服装中添加皮革装饰元素与不规则图形的结合，使得服装具有率性不羁的风格特点。

色彩说明 黑、白、灰三色的使用，使得图案元素的表现简洁明了，酒红色尤为突出服装风格特色。

- RGB=139,140,132 CMYK=53,43,46,0
- RGB=90,92,91 CMYK=71,62,60,12
- RGB=75,24,23 CMYK=61,92,88,54
- RGB=0,0,0 CMYK=93,88,89,80

1. 服装色彩简洁明了，以突出图案作为主旨。
2. 设计风格随性帅气，却兼备女性的柔情。
3. 整体设计具有柔而不娇、坚而不厉的气质。

3.3.4 帅气甜美的皮革服装搭配

设计说明 皮革面料短裙中和了上装过于柔弱的印象，甜美中又带有一丝不羁的帅气。

色彩说明 粉色与黑色是一种刚柔并济结合的产物，湖蓝色包饰在整体造型中尤为亮眼。

- RGB=245,202,182 CMYK=5,28,27,0
- RGB=78,122,149 CMYK=75,48,34,0
- RGB=57,48,45 CMYK=75,75,75,48

1. 湖蓝色色彩浓度高，在整体造型中尤为突出。
2. 漆皮短靴的搭配，为服装整体增添率性的元素。
3. 服装款式简洁大方，甜美中不乏英气。

3.3.5 皮革类服装色彩搭配秘笈——用色彩凸显气质

关键词：率性

关键词：大方

关键词：热情

黑色是皮革类服装的黄金搭档，服装整体给人率性不羁的感觉

紫罗兰色应用于服装配色中，更为展现女性柔情妩媚的一面

红色将服装整体色彩亮度都予以提升，呈现出热情似火的视觉效果

3.3.6 优秀搭配鉴赏

3.4 呢料类

　　呢料面料具有密度高、版型挺括等特点，通常用于秋冬季节穿着服饰的搭配选材。立体挺括的面料版型，能够直观地提升穿着者的精神面貌。呢料质地厚重，不适合应用于夏装的选材。呢料有多种质感区分，能够搭配创造出风格迥异的秋冬服装。

3.4.1　手把手教你——呢料类服装搭配设计方法

呢料类服装的搭配设计需要掌握以下几点特征。

特征1： 呢料材质版型挺括，常给人工整严肃之感，通过长度、柔软度以及花纹的设计来改变服装风格。

特征2： 呢料类服装色彩饱和度或高或低，不同色彩搭配都能够表现出风格迥异的时尚服装风格。

特征3： 呢料类服装款式版型多变，宽松的版式设计给人休闲愉悦的印象，修身立体的版式设计给人整洁清爽的印象。根据出行场合，改变服装搭配方案。

3.4.2 呢料类服装搭配设计方案——举一反三

掌握呢料类服饰的三点特征，合理发挥要点并运用到实际操作当中。

1.服装整体透露着成熟女性风格的优雅气息，从贝雷帽和饺子型手包的搭配中，也保有浓厚的复古元素内涵。

2.服装选用大面积高明度的大红色作为主体设计闪光点，低明度色彩配饰的搭配起到很好的烘托作用，能够体现出穿着者良好的精神面貌。大红色常给人以喜庆、祥和的视觉印象。

3.配饰的色彩搭配方案，均围绕服装主体色彩进行搭配选择，由深及浅的配色方案使服装面料质感呈现出错落有致的层次秩序。

RGB=212,3,35
CMYK=21,100,94,0

RGB=29,25,26
CMYK=83,81,78,66

RGB=169,132,112
CMYK=41,52,55

RGB=123,61,49
CMYK=53,82,83,24

RGB=238,221,196
CMYK=9,16,25,0

1.明度对比

低明度	高明度
深色常应用于秋冬服装搭配，在视觉上能呈现收缩感的同时，更为体现穿着者含蓄内敛的气质。但明度过低的尼料类服装配色，会给人平凡、乏味的感觉	高明度的服装配色，能够紧紧抓住路人的关注度，同时体现穿着者神清气爽的精神面貌。但明度过高的服装配色，给人浮躁、轻佻的印象

2.色相对比

粉色调	紫色调
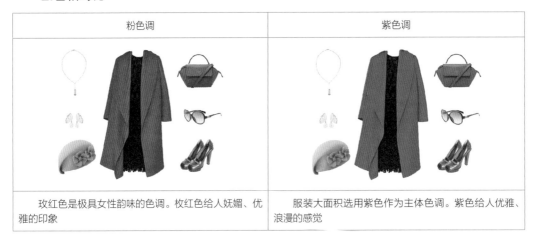	
玫红色是极具女性韵味的色调。枚红色给人妩媚、优雅的印象	服装大面积选用紫色作为主体色调。紫色给人优雅、浪漫的感觉

3.配色对比

红白配色搭配方案	蓝白配色搭配方案

红白的色彩搭配方案给人浓厚的喜庆、欢愉的印象	蓝白的色彩搭配,能够为穿着者呈现出高贵、典雅的一面

4.同类风格对比

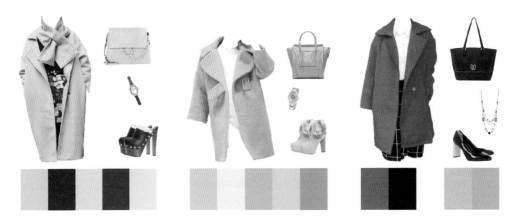

3.4.3　甜美率性的短款呢料服装搭配

设计
说明　服装款式剪裁设计少女感十足，短款外套和百褶皮裙的搭配突显俏皮可爱的气息。

色彩
说明　黑、白、灰三色搭配，更为强调嫩粉色短款呢料外套，使整体设计可爱却又不失成熟的韵味。

- RGB=195,180,153 CMYK=29,29,41,0
- RGB=238,208,211 CMYK=8,24,12,0
- RGB=100,100,110 CMYK=69,61,51,4
- RGB=55,58,69 CMYK=82,76,62,33

1. 粉色调外套，能够提亮整体服装配色亮度。
2. 短裙和短外套的搭配，风格更加年轻化。
3. 整体设计具有设计感，并且日常实用。

3.4.4　英伦复古的长款呢料服装搭配

设计
说明　服装以粉色搭配，作为经典风格款式服装的点缀，将整体设计呈现得更加温暖柔情。

色彩
说明　粉色与黑色，是柔情与率性的碰撞，能够呈现出更多元的内涵信息。

- RGB=151,152,140 CMYK=48,38,44,0
- RGB=39,44,55 CMYK=86,80,66,45
- RGB=211,149,168 CMYK=21,50,21,0
- RGB=42,41,39 CMYK=80,76,76,54

1. 图案设计能够改变服装版型带来的严肃感。
2. 短裙的图案搭配能够弥补内衬服饰的单调感。
3. 简洁的服装款式设计显得更为优雅大方。

3.4.5　呢料类服装色彩搭配秘笈——用色彩凸显气质

关键词：甜美　　　　　　　　关键词：优雅　　　　　　　　关键词：活泼

粉色的色彩明度较高，给人以欢快俏皮的视觉印象，与白色内衬饰品搭配，整体设计清新并富有青春活力

藏蓝色给人神秘优雅的印象，搭配白色显得淡薄优雅；搭配黑色显得成熟知性，都是不错的搭配方案

绿色给人精灵般的仙气感，应用于秋冬季节服装，更为突显服装整体清新律动的气质

3.4.6　优秀搭配鉴赏

3.5　牛仔类

　　牛仔面料有上百年的历史，历经潮流变迁和岁月的洗礼而经久不衰。牛仔面料的可塑性极强，可用于一年四季的服装搭配设计。牛仔能够和各种元素进行搭配融合，搭配蕾丝会显得可爱清新；搭配印花图案会显得潮流嘻哈；搭配金属铆钉会显得摇滚复古。牛仔面料耐磨且富有弹性，能够满足不同风格款式服装设计的布料需求，可谓是老少皆宜的百搭服装选材。

3.5.1 手把手教你——牛仔类服装搭配设计方法

牛仔类服装的设计搭配需要掌握以下几点特征。

特征1： 牛仔面料厚重有弹性，不同厚度的牛仔面料能用于一年四季的服装设计选材，牛仔面料风格以简约休闲为主。

特征2： 牛仔面料多以浅蓝、深蓝或黑色为主，是经典百搭的色彩搭配方案，在细节处设有刮痕或破洞等都是牛仔类面料服装的常见表现手法。

特征3： 牛仔类面料密度高，版型挺括，却没有呢料服装带给人强烈的正式与严肃感，牛仔面料是休闲田园风格的代表面料材质。

3.5.2 牛仔类服装搭配设计方案——举一反三

掌握牛仔类服装的三点特征，合理发挥要点并运用到实际操作当中。

1.服装整体造型风格较为中性，经典的海魂衫条纹上衣搭配宽松牛仔裤，具有简洁清爽的视觉感受。

2.服装整体造型版型松阔，纯棉面料的上衣透气吸汗，并且柔软舒适；搭配下身阔腿牛仔休闲裤，做旧的款式细节独具新意，为服装整体设计增添活跃的律动感，同时也为穿着者带来舒适的穿着感受。

3.服装主体色彩饱和度较低，给人干净清爽的感觉，所以包饰和鞋子的配色明度较低，能够呈现出富有质感的层次搭配。

RGB=163,181,197
CMYK=42,24,18,0

RGB=2,2,3
CMYK=92,88,87,79

RGB=253,239,239
CMYK=1,10,5,0

RGB=144,148,109
CMYK=52,38,62,0

RGB=84,62,98
CMYK=77,84,47,11

1.明度对比

低明度	高明度
深色系服装，给人以更为男性化的视觉感受，同时在视觉效果上呈现出很明显的收缩效果。但色彩过深的服装，常带给人压抑、沉闷的感觉	高明度服装带给人干净清爽的感受。中性的色彩搭配适宜一年四季穿着，并且可用于日常生活和运动穿着。但明度过高的服装配色会给人浮夸、高调的感觉

2.色相对比

蓝色调	紫色调

蓝色调的应用突显服装搭配更为清新和谐。蓝色给人纯净、清澈的感觉	紫色调的应用使整体元素更为融合。紫色给人梦幻、奇妙的印象

3.剪裁对比

无袖立体剪裁	宽松长袖剪裁
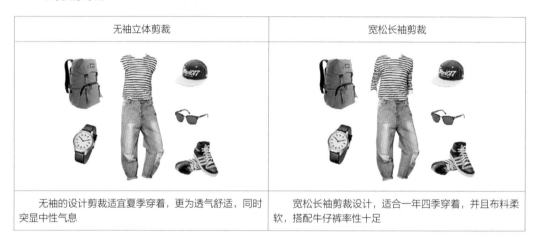	
无袖的设计剪裁适宜夏季穿着，更为透气舒适，同时突显中性气息	宽松长袖剪裁设计，适合一年四季穿着，并且布料柔软，搭配牛仔裤率性十足

4.同类风格对比

3.5.3　热辣性感的牛仔服装搭配

服装整体设计清新热辣，不规则的裁剪给人洒脱自由的印象。搭配黑色尖头高跟鞋，又增添了些许的帅气与个性。

色彩说明 上身为复古的印花配色，极具地域风情。搭配下身的牛仔长裙，尽显穿着者的性感与时尚。

RGB=75,46,32 CMYK=64,78,87,48

RGB=80,92,111 CMYK=77,65,48,6

RGB=19,17,16 CMYK=86,83,64,72

RGB=188,43,51 CMYK=33,95,84,1

1.吊带上衣尽显女性的妖娆与性感。

2.边缘不规则的牛仔长裙，让大长腿一览无余。

3.漆黑尖头高跟鞋让整体搭配更加和谐统一。

3.5.4　简洁清爽的牛仔服装搭配

设计说明 服装整体造型文静，却略带叛逆的美感，使整体设计具有冲撞美感。

色彩说明 服装选用明暗色调叠加使用的方法，使整体设计具有稳重感，却不过于沉闷。

RGB=255,255,255 CMYK=0,0,0,0

RGB=58,86,100 CMYK=83,65,54,12

RGB=37,41,46 CMYK=84,78,71,51

RGB=0,0,4 CMYK=94,90,86,78

1.白色的运用将服装整体色调调亮，增添活跃感。

2.高跟短靴衬托服装更为率性纯真。

3.简洁的款式设计更能突出牛仔的图案及质感。

3.5.5　牛仔类服装色彩搭配秘笈——用色彩展现风格

关键词：休闲　　　　　　　关键词：优雅　　　　　　　关键词：灵动

黑色与牛仔面料是经典的搭配方案，两种宽松单品的搭配结合，给人优雅闲适的感觉

孔雀蓝与牛仔蓝的搭配，形成一种错落有致的渐变感，为服装造型更添层次美感

墨绿色搭配牛仔面料，形成一种独特的具有异域美感的色彩搭配，使服装造型别具特色

3.5.6　优秀搭配鉴赏

3.6 女性内衣类

内衣是最为贴身的服装，具有吸汗保暖矫形的作用。内衣是人类的"第二层皮肤"，随着科学技术的不断更新，以及人类审美的变迁，内衣早已不仅仅是遮挡的作用。为了追求自身美感，内衣的设计创意愈发大胆，逐渐创造出符合人体工学、穿着舒适，并且能够充分展现出曲线美感的设计。不同年龄范围，以及不同出行场合都有不同的款式材质内衣与之搭配，为外在服装设计打下良好的基础。

3.6.1 手把手教你——女性内衣类服装搭配设计方法

女性内衣类服装的设计搭配需要掌握以下几点特征。

特征1： 内衣具有很好的塑形作用，所以根据自己胸型进行合理搭配，能够为外在着装打下良好的基础，并且能够起到显著提升穿着者精神面貌的视觉效果。

特征2： 纯棉材质应用于内衣面料更为透气吸汗，是首选的面料材质；丝绸面料顺滑轻盈，适用于夏季内衣的面料。只有柔软吸汗的材质面料，才能带来舒适的穿着感受。

特征3： 不同颜色的内衣搭配，代表着不同的色彩情感。高饱和度的鲜亮色彩，带给人一种愉悦欢快的情感：肉色或隐形，显得亲切随和；黑色富有魅力激情等。

3.6.2　女性内衣类服装搭配设计方案——举一反三

掌握女性内衣类服装的三点特征，合理发挥要点并运用到实际操作当中。

1.本套内衣风格经典优雅，是一套具有时代名媛感的内衣搭配，适宜外搭低胸连衣晚礼裙的搭配方案，突显穿着者优雅华贵的气质。

2.内衣版型在遵循传统内衣款式设计的基础上，用细肩带和高叉腰的细节设计，凸显女性柔婉娇媚的气质，能够充分将穿着者身姿窈窕纤细的一面表达出来；蕾丝元素的添加也将服装整体设计衬托得更具女人味。

3.肤色给人亲切友善的印象，黑色给人神秘性感的感觉。将两种富有冲击意味的色彩合为一体，便碰撞出奇妙的视觉火花。

RGB=210,191,171
CMYK=22,27,32,0

RGB=15,20,30
CMYK=92,87,73,65

RGB=229,234,250
CMYK=13,7,0,0

RGB=210,189,153
CMYK=22,27,42,0

RGB=57,59,54
CMYK=77,70,73,41

1.明度对比

低明度	高明度

低明度色彩应用于女性内衣，会给人浓厚与沉淀的韵味，能够充分体现成熟女性的身体特征。但明度过低的服装，容易给人造成一种沉闷、压抑的视觉感受	高明度色彩应用于女性内衣设计，能够带给人一种梦幻柔软的感觉。但明度过高的内衣，给人一种肤浅、轻蔑的感觉

2.色相对比

粉色调	黄色调
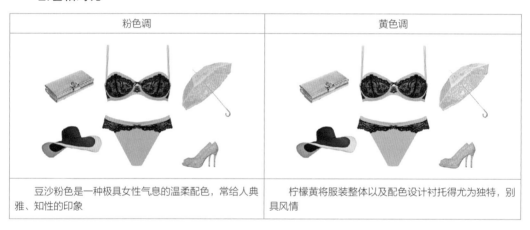	
豆沙粉色是一种极具女性气息的温柔配色，常给人典雅、知性的印象	柠檬黄将服装整体以及配色设计衬托得尤为独特，别具风情

3.配色对比

黑肤配色对比	红肤配色对比
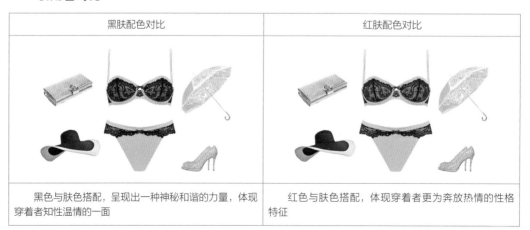	
黑色与肤色搭配，呈现出一种神秘和谐的力量，体现穿着者知性温情的一面	红色与肤色搭配，体现穿着者更为奔放热情的性格特征

4.同类风格对比

3.6.3 性感优雅的女性内衣服饰搭配

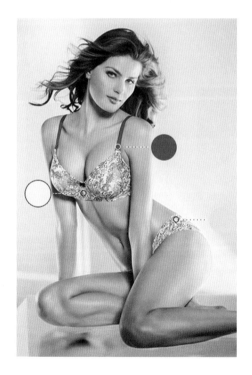

设计说明 类似青花瓷图样的设计简洁大方，传递出睿智、淡雅的感觉。

色彩说明 大面积的白色给人简洁、明亮的视觉感受，不同明度的蓝色搭配使人感受到文雅、安静。

RGB=233,240,248 CMYK=11,5,1,0
RGB=192,221,233 CMYK=29,7,9,0
RGB=26,60,187 CMYK=92,79,0,0

1.冷色调的应用使穿着者更具冷艳妖媚的气质。
2.比例协调均衡，款式设计高雅。
3.服装整体设计给人高贵冷艳的视觉印象。

3.6.4　简洁热辣的女性内衣服饰搭配

设计
说明 整体服装色彩搭配经典和谐，款式设计热辣大胆，细节内涵丰富完善。

色彩
说明 两种明暗度落差巨大，形成一种错落有致的层次秩序感。

▢ RGB=243,243,243 CMYK=6,4,4,0
▢ RGB=134,127,126 CMYK=55,50,46,0
▢ RGB=17,17,17 CMYK=87,83,82,72

1. 黑色常给人一种神秘优雅的印象。
2. 白色的外套搭配使整体更加明亮和清新。
3. 简洁的款式设计使服装整体给人大气之感。

3.6.5　女性内衣类服装色彩搭配秘笈——用色彩展现风格

关键词：清凉

　　天蓝色与蓝紫色两种冷色调的相互搭配，带给人清凉的视觉感受，点缀的大红色使整体设计具有热情洋溢的感觉

关键词：妩媚

　　粉嫩的色调搭配，充分凸显女性独有的气息。大量运用的紫色调多给人以神秘、浪漫的感觉

关键词：热情

　　服装整体配色鲜艳抢眼，给人活跃律动的视觉感受。整体设计充满浓厚的夏季亚热带风情

3.6.6　优秀搭配鉴赏

Dress Collocation Design

4

为服装添"彩"
——饰品大妙用

本章节主要讲述服装饰品的种类与搭配方式。服装饰品的种类多样、款式繁杂，其主要目的是围绕服装主体色彩进行组合搭配，起到烘托服装主体本身的作用。

● 饰品区分于佩戴身体的不同部位，能够给人带来不同方位的视觉感受。

● 不同风格的饰品与服装主体造型进行组合搭配，带来截然不同的视觉感受。

● 服装饰品的组合搭配应用更加丰富服装主体内涵信息。

4.1 装饰帽类

　　帽子是附于头部的装饰物，起到一定保护头部的作用。根据季节的划分，帽饰也有不同的性能应用。夏季炎热烦躁，帽饰可用来遮阳避暑；冬季严寒冰冷，帽饰便具有很好的保暖功能。根据出行场合划分，日常生活或运动中，佩戴运动型帽，能够带来透气吸汗的感受；正式场合中，佩戴礼帽，能够丰富服装整体细节内涵，并衬托出穿着者良好的衣着品位。帽饰可谓是必不可少的装饰搭配方案。

4.1.1 手把手教你——装饰帽类饰品搭配方法

装饰帽类饰品的搭配需要掌握以下几点特征。

特征1： 装饰性帽子的风格形态多种多样，帽子的可塑性极强，同种风格帽饰通过细节的修饰或色彩对比，便可以搭配不同款式的服装。

特征2： 为了与各式各样的服装设计进行搭配结合，帽饰的版型设计也是多种多样。帽饰的搭配起到衬托并点缀服装主体设计的作用，就是合理的搭配方案。

特征3： 装饰性帽饰的色彩多变，黑色或明度偏低的色彩应用较为广泛，跟主体服装配色方案相互映衬，创作出和谐丰富的视觉感受。

4.1.2　装饰帽类饰品搭配方案——举一反三

掌握装饰帽类饰品的三点特征，合理发挥要点并运用到实际操作当中。

1.服装整体造型以休闲为主，适合秋冬季节，日常出行穿着。从运动鞋与可爱风格的背包细节中，能够充分体现穿着者青涩纯真的风格特征。

2.服装以休闲风格为主，版型注重穿着感受，以松阔舒适为主。故搭配与服装整体版型风格相符的贝雷帽，与服装主体设计相互衬托，营造出舒适和谐的视觉效果。

3.服装主体以粉白色作为主体色调，帽饰和手表则选用玫粉色，与服装主体形成具有渐变美感的层次秩序，并提亮整体服装搭配亮度，起到锦上添花的作用。

RGB=220,179,197
CMYK=17,36,12,0

RGB=211,87,176
CMYK=26,76,0,0

RGB=123,131,146
CMYK=59,47,36,0

RGB=61,63,69
CMYK=79,72,64,32

RGB=240,240,236
CMYK=8,5,8,0

明度对比

低明度	高明度
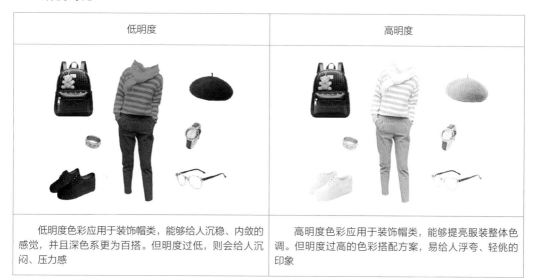	
低明度色彩应用于装饰帽类，能够给人沉稳、内敛的感觉，并且深色系更为百搭。但明度过低，则会给人沉闷、压力感	高明度色彩应用于装饰帽类，能够提亮服装整体色调。但明度过高的色彩搭配方案，易给人浮夸、轻佻的印象

4.1.3 时尚摩登的装饰帽类搭配

设计
说明
服装整体没有过多图案装饰，简洁大方的款式剪裁与帽饰搭配，呈现出高雅摩登的服装搭配效果。

色彩
说明
豆沙红色的帽饰打破黑色的沉寂，与驼黄色呼应，形成极具复古感的对比。

RGB=180,85,96 CMYK=37,78,54,0
RGB=185,108,56 CMYK=35,67,85,0
RGB=56,38,52 CMYK=78,85,65,46

1.暖色豆沙红使服装整体搭配色彩更为柔情化。
2.服装版型剪裁设计复古，更为突出帽饰搭配。
3.整体设计简约大方，给人以大气之感。

4.1.4 嘻哈律动的装饰帽类搭配

设计
说明
服装大面积使用两种具有冲击对比视感的色块，塑造出活跃的搭配效果。

色彩
说明
选用米白色帽饰搭配，中和了服装主体带来的色彩冲击，与鞋子上下呼应。

RGB=220,225,206 CMYK=18,9,22,0
RGB=253,196,4 CMYK=4,29,90,0
RGB=14,96,192 CMYK=88,62,0,0

1.服装主体以运动风格为主，帽饰贴切主题。
2.白色的点缀使服装主体更具明亮清新感。
3.服装款式设计简洁大方，适宜秋冬季节穿着。

4.1.5　装饰帽类色彩搭配秘笈——用色彩彰显气质

关键词：经典

关键词：优雅

关键词：成熟

黑色帽饰是最为保险百搭的配色
方案，与各色服装皆可进行搭配

靛蓝色帽饰与服装主体配色相
似，能够形成和谐渐变的配色视
觉感受

酒红色是极具女人味的色调代
表，酒红色常给人以睿智、知性的视
觉感受

4.1.6　优秀搭配鉴赏

4.2 珠宝首饰类

完善的珠宝设计作品，不仅限用于衣着搭配，它还代表着精益求精的创作思维和鬼斧神工的设计制造工艺。珠宝首饰是传承浪漫与美好的信物，绽放出神秘悠扬的耀眼光芒。珍贵选材与独特的设计方案进行巧妙的融合，将精良奢华的作品呈现在世人的面前。珠宝首饰因为选材珍贵，所以具有一定的收藏价值。

4.2.1 手把手教你——珠宝首饰类饰品搭配方法

珠宝首饰类饰品的搭配需要掌握以下几点特征。

特征1： 搭配低胸款礼服，可选用钻饰较大的夸张首饰。一是能够修饰颈部；二是能够给珠宝首饰一个充分集中的平台。

特征2： 珠宝首饰色彩款式多变，其搭配也是随服装主体色彩款式而变换的。珠宝首饰搭配没有特定的标准，能够与服装主体进行合理的交流沟通，就是完美的搭配方案。

特征3： 珠宝首饰因其珍贵的选材和精湛的制作工艺，其成品都价值不菲，通常应用于正式场合的服装搭配。随着时代潮流的发展，珠宝首饰更为多元化，根据风格的变换可以进行不同的装饰搭配。

4.2.2　珠宝首饰类饰品搭配方案——举一反三

掌握珠宝首饰类饰品的三点特征，合理发挥要点并运用到实际操作当中。

1.服装主体选用低胸领晚礼长裙，风格设计优雅大方，钻饰珠宝是最为妥帖的搭配方案，能够充分体现穿着者高贵雍容的气质。

2.服装版型采用上紧下宽的剪裁设计方式，从视觉角度上起到很好的塑形效果，可以选用较大的珠宝首饰进行装饰搭配，以平衡上身所带来的单薄感，同时能够更为全面具体地展示珠宝首饰的形态气质。

3.服装主体色调饱和度较低，故不能选用色彩较为鲜艳的珠宝配饰，白色钻饰是最为保险经典的色彩搭配，耳坠一抹清凉的淡蓝色更为整体服装搭配提升色彩亮度。

RGB=220,223,225
CMYK=16,11,10,0

RGB=231,170,89
CMYK=13,41,68,0

RGB=99,246,248
CMYK=50,0,17,0

RGB=216,209,200
CMYK=19,18,21,0

RGB=23,25,23
CMYK=85,80,82,67

明度对比

低明度	高明度
低明度色彩应用于珠宝首饰，带给人静谧优雅的感觉，与低明度色彩衣物和配饰形成和谐统一的色彩搭配方案	高明度色彩应用于珠宝首饰，与高明度服饰组合搭配融洽悦目。高明度珠宝首饰给人高雅、圣洁的视觉感受

4.2.3　雍容华贵的珠宝首饰类搭配

没有纷繁的色彩搭配，大方得体的款式设计散发着淡雅、知性的气息。

金色珠宝首饰给人优雅华贵的视觉印象，并且与服装主体米色形成和谐统一的过渡。

RGB=255,255,255 CMYK=0,0,0,0

RGB=223,136,47 CMYK=16,57,86,0

RGB=252,190,204 CMYK=0,36,9,0

1.暖色调的应用更为突出穿着者优雅尊贵的气质。

2.传统均衡的设计给人复古、高雅的感觉。

3.整体设计具有娇柔妩媚、温文尔雅的气质。

4.2.4　率性英气的珠宝首饰类搭配

本套珠宝首饰以粗犷中透露着细腻的内涵细节，呈现出极具中性美感的搭配风格。

选用金色与宝石蓝色两种高贵优雅的色彩作为搭配，冲撞出奇妙的视觉火花。

RGB=209,217,220 CMYK=22,12,12,0

RGB=172,105,25 CMYK=41,66,100,2

RGB=39,60,134 CMYK=95,87,22,0

1.本套珠宝首饰设计粗犷，具有中性气息。

2.宝石蓝色的点缀为佩戴者增添高贵华美的气质。

3.多元素结合的设计风格呈现丰满的视觉效果。

4.2.5　珠宝首饰类色彩搭配秘笈——用色彩展现风格

关键词：成熟　　　　　　　　关键词：时尚　　　　　　　　关键词：活力

　　白色与熟褐色的戒指，色彩搭配经典和谐，传达给人精明干练的视觉印象

　　黄色与紫色形成强烈的对比冲击，使整体造型碰撞出现代前卫的火花

　　果绿色与祖母绿色，一深一浅的色调搭配，呈现出律动的秩序感，充满新鲜活跃的气息

4.2.6　优秀搭配鉴赏

4.3 眼镜类

眼睛是心灵的窗户，眼镜是起到矫正视力或装饰作用的物品，由镜框和镜片组成。佩戴眼镜能够合理有效地调节摄入眼部的光线强度，起到保护视网膜的作用。另外，镜片、镜框安置于人体外部具有一定的装饰功能。随着科学技术的不断发展，人们文化生活水平不断提高，眼镜在日常生活中也发挥着越来越不可或缺的作用。

4.3.1 手把手教你——眼镜类饰品搭配方法

眼镜类饰品的搭配方法需掌握以下几点特征。

特征1： 装饰眼镜多以黑色或深色调为主，这样的设计能够有效地降解光线带来的强度。深色系的眼镜类饰品常给人以高雅华贵、率性自我的视觉印象。

特征2： 眼镜类饰品的款式设计多种多样，设计风格也各有千秋，根据佩戴者的个人气质以及服装搭配风格挑选适合的眼镜类饰品。

特征3： 眼镜类饰品装饰于脸部，还能起到一定修饰脸型的作用。眼镜类饰品较大，通常能占脸部较大的比例范围，在视觉角度上能够呈现一定的收缩效果。

4.3.2　眼镜类饰品搭配方案——举一反三

掌握眼镜类饰品的三点特征，合理发挥要点并运用到实际操作当中。

1.服装整体设计剪裁独特，格子和流苏元素进行了完美的融合；眼镜饰品与背包手表等饰品配色相互呼应，点缀主题。

2.服装主体设计风格独特复古，所以墨镜风格也尤为复古，采用仿木色镜框和淡紫色镜片的搭配。配饰也均选用极具时代气息的卡其色和孔雀蓝色进行搭配。上衣的流苏设计尤为独特，灵活地将孔雀蓝色和宝石蓝色交叉映衬地展现出来。

3.眼镜饰品在整体设计当中，起着点缀装饰的作用，眼镜装饰的融入立刻为整体造型注入了学院气息，添加了更为丰富具体的细节内涵。

RGB=204,150,105
CMYK=25,47,60,0

RGB=75,147,163
CMYK=72,33,34,0

RGB=11,25,100
CMYK=100,100,56,8

RGB=121,46,22
CMYK=51,89,100,29

RGB=19,19,19
CMYK=86,82,82,70

配色对比

蓝紫配色对比搭配	粉绿配色对比搭配
蓝紫色是一种梦幻的色彩搭配组合，眼镜饰品在这种高低色彩饱和度的色块碰撞搭配方案中起到锦上添花的修饰作用	粉绿色是一种明快活跃的色彩搭配组合，眼镜饰品在其中起到与其他装饰物交相辉映、互相衬托服装主体的作用

4.3.3　休闲率性的眼镜类搭配

服装主体没有纷繁杂乱的装饰，墨镜的搭配轻松营造出特立独行的风格。

选用黑色墨镜与服装主体相搭配，营造轻便简洁的着装风格。

- RGB=239,148,110 CMYK=7,53,54,0
- RGB=95,227,113 CMYK=58,0,71,0
- RGB=51,54,78 CMYK=86,82,56,27
- RGB=29,35,44 CMYK=88,82,70,54

1. 毕加索风图案为服装整体设计增添艺术气息。
2. 墨镜不仅可以修饰脸型，还能够遮挡阳光。
3. 整体设计具有纯真率性、阳光开朗的风格。

4.3.4　优雅妩媚的眼镜类搭配

服饰以上衣和短裙搭配，简洁干练。

以色相相近的两种墨绿色搭配，给人舒适、随和、优雅、妩媚的感觉。

- RGB=251,228,187 CMYK=3,14,31,0
- RGB=2,101,102 CMYK=89,54,60,9
- RGB=21,37,34 CMYK=88,75,79,59
- RGB=21,15,17 CMYK=85,84,82,72

1. 流行的黑色墨镜，外形不夸张，与整体穿衣风格更搭配。
2. 黑色的墨镜与黑色的衣领、黑色的鞋尖相呼应。
3. 金色的鞋子，彰显了女性的细节品位。

4.3.5　眼镜类饰品色彩搭配秘笈——用色彩展现着装风格

关键词：优雅　　　　　　　关键词：前卫　　　　　　　关键词：活泼

深紫色仿佛成熟的葡萄，搭配主体服装设计给人以成熟的女性风韵感

宝石蓝色外套与靛蓝色墨镜搭配，形成一种鳞次栉比的和谐渐变视感

服装主体搭配黄绿色墨镜，将服装整体色调带动起来，给人以嘻哈不羁的感觉

4.3.6　优秀搭配鉴赏

4.4 　腰带类

　　腰带通常指用来束腰的带子，主要起到使衣物不散开的作用。腰带自古起就有着特殊的含义，是涵养和素质的象征，随着时代的发展变迁，材质的种类和面料都发生了翻天覆地的变化。根据服装特点区分，也有不同风格的腰带可供搭配。腰带发展至今，已经成为男士展现身份地位的一种表现形式，腰带的设计越来越个性化，款式价位也各不相同。

4.4.1 手把手教你——腰带类饰品搭配方法

腰带类饰品的搭配需要掌握以下几点特征。

特征1： 腰带系于腰间，能够起到很好的塑形作用。宽度窄的腰带会衬托出穿着者更为毓秀优雅的气质；较宽的腰带能够起到更为直观的塑形作用，突显穿着者更为率性英气的一面。

特征2： 腰带并没有特定的色彩规定，符合服装主体风格即可。但腰带能够起到很好的塑形作用，所以通常使用黑色或深色调作为搭配，显得更为沉稳内敛。

特征3： 腰带的材质选择对穿着者个人气质也起到至关重要的影响作用。例如，真皮材质腰带会给人大气沉稳的印象；流苏腰带给人以优雅闲适的视觉印象。

4.4.2 腰带类饰品搭配方案——举一反三

掌握腰带类饰品的三点特征，合理发挥要点并运用到实际操作当中。

1.简洁贴身的剪裁设计使这套连衣裙显得简明大方，宽腰带不规则造型提升了连衣裙的设计感，体现整体造型优雅又不失随性的气质。

2.本套服装搭配选用突显气质涵养的配色方案，以藏蓝色与驼色作为服装主体色调。深蓝色宽腰带的搭配富有层次渐变对比感，夸张的扣眼设计使得服装整体版型更为活跃，突显穿着者不凡的衣着品位。

3.藏蓝主体服装和驼色包饰搭配，色彩对比鲜明亮眼。点缀黑色使服装整体设计更为沉稳干练，简洁明了的配色方案和款式设计中隐含现代感。

RGB=50,52,58
CMYK=81,76,67,41

RGB=17,17,27
CMYK=91,88,75,67

RGB=202,134,49
CMYK=27,55,88,0

RGB=197,187,181
CMYK=27,26,26,0

RGB=163,141,84
CMYK=44,45,74,0

明度对比

低明度	高明度
深色系色彩应用于腰带类饰品，能够给人沉着大气的印象。但明度过低的腰带类饰品，则会给人焦躁、倦怠的感觉	高明度的色彩方案应用于腰带类饰品，给人清新明亮的视觉感受。但明度过高，则会给人轻薄、浮夸的印象

4.4.3　休闲率性的腰带类搭配

设计说明　没有过多的图案及装饰修饰，简洁的腰带设计体现出休闲、率性的感觉。

色彩说明　白色给人简洁、明亮的视觉感受，不同明度的蓝色搭配使人感受到文雅、清爽。搭配米色的外套，令人感觉更舒适。

■ RGB=226,227,222 CMYK=14,10,13,0
■ RGB=220,176,151 CMYK=17,37,39,0
■ RGB=168,189,223 CMYK=39,22,5,0
■ RGB=10,6,12 CMYK=90,88,82,75

1.冷色调的应用突出了宁静的风格效果。
2.端庄、均衡的设计给人单纯、高雅的感觉。
3.整体设计使人具有柔而不娇、坚而不厉的气质。

4.4.4　随性优雅的腰带类搭配

设计说明　整体服饰简单、大气、干练，搭配突出而夸张的腰带，给人随性、帅气的感觉。

色彩说明　服饰主要使用无彩色，黑、白、灰三种色调组成，通过服装的图案打破古板形象。

■ RGB=175,175,171 CMYK=37,29,30,0
■ RGB=177,178,185 CMYK=36,28,22,0
■ RGB=33,32,38 CMYK=84,82,72,58
■ RGB=17,16,21 CMYK=88,85,79,70

1.色彩搭配以黑白灰为主色，突出了层次感。
2.不规则的白色图案点缀，使服装更加明亮和活泼。
3.简洁的款式使服装更添大气之感。

4.4.5　腰带类饰品色彩搭配秘笈——用色彩展现服装风格

关键词：经典

关键词：大方

关键词：优雅

　　黑色腰带装饰是最为传统保险的搭配色彩，整体搭配给人以成熟干练的感觉

　　墨绿色的运用，为服装整体设计融入更为简洁高雅的元素，给人涵养大气的印象

　　腰间一抹紫罗兰色，是整体服装设计的亮点元素，充分体现穿着者独特的个人气质

4.4.6　优秀搭配鉴赏

4.5　鞋靴类

　　鞋子是一种用来穿着于脚部，起到一定保护脚部和保暖作用的物品。鞋子演变至今，与出行环境和审美的变迁有着密不可分的关系。根据季节类型可划分为凉鞋、布鞋、皮鞋、棉鞋等；根据款式可划分为方头、圆头、尖头等；根据跟型可划分为高跟、平跟、坡跟等；根据鞋帮可划分为中、高、低筒等。鞋子的面料选材也是大有讲究，不同材质款式设计的鞋饰能够给人带来多种多样的穿着感受。随着时代工业进步发展，鞋饰风格元素越来越向多元化发展，并且在保留传统的基础上推陈出新，设计出更多奇思妙想的优秀鞋饰作品。

4.5.1 手把手教你——鞋靴类饰品搭配方法

鞋靴类饰品的搭配需要掌握以下几点特征。

特征1： 短靴类鞋饰适合搭配简洁帅气的衣物，凸显鞋饰在整体造型中的闪光处；若与较多装饰元素服装进行搭配，只会显得服装整体设计更加烦琐，给人沉重乏味的印象。

特征2： 高跟类鞋饰凭借其精良的制作工艺和新颖的造型设计，来搭配不同款式风格的衣物，以彰显女性不同层次方面表现出来的风韵美感。

特征3： 鞋饰的色彩多种多样，或鲜活明亮或低调沉稳，鞋饰的配色选择与服装主体配色或互补或对比，能够给人带来意想不到的视觉效果。

4.5.2 鞋靴类饰品搭配方案——举一反三

掌握鞋靴类饰品的三点特征，合理发挥要点并运用到实际操作当中。

1.不对称条纹衬衫和驼色马甲的搭配中，透露出浓厚的成熟干练的女性气息，搭配后跟装饰有珍珠的鞋饰，给人高雅圣洁的视觉印象。

2.鞋饰选用低明度的黑色与高明度的珍珠装饰鞋跟，形成鲜明的色彩对比，成为服装整体造型的一大亮点，与上装搭配对比明显，在整体造型中却不冲突，营造出两种风格互相冲撞的美感。

3.配饰的色彩搭配也均选用与服装主体色彩相搭配的黑色与金色，与服装主体色彩交相呼应，形成富有节奏感的层次对比感受。

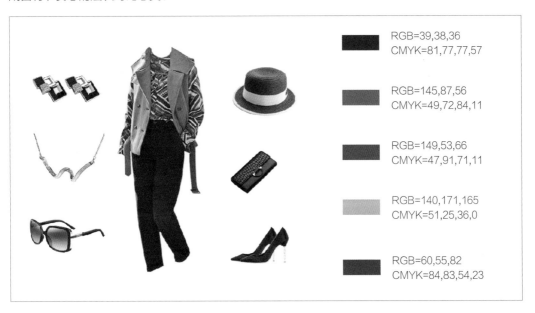

RGB=39,38,36
CMYK=81,77,77,57

RGB=145,87,56
CMYK=49,72,84,11

RGB=149,53,66
CMYK=47,91,71,11

RGB=140,171,165
CMYK=51,25,36,0

RGB=60,55,82
CMYK=84,83,54,23

明度对比

低明度	高明度

低明度鞋靴类饰品常给人沉稳、笃定的视觉印象，并且能够与大部分服装色彩进行交流搭配。但明度过低，会给人压迫、沉重感	高明度的鞋靴类饰品搭配给人清新、明亮的视觉感受。但明度过高的鞋靴类饰品，给人虚夸、浮躁的印象

4.5.3 悠闲随意的鞋靴类搭配

设计说明 服装款式设计简洁大方，传递出清雅冷峻的视觉感受。

色彩说明 白、灰、藏蓝和深蓝四色搭配，形成一种富有结构次序感的渐变视感。

RGB=226,225,223 CMYK=14,11,11,0
RGB=70.94.120 CMYK=80.64.44.3
RGB=115,116,109 CMYK=63,53,56,2
RGB=17,18,22 CMYK=88,84,79,70

1.冷色调的应用给人优雅精致的气质感受。
2.宽松的设计与灰色短靴形成和谐的搭配。
3.整体风格设计给人冷静睿智的视觉感受。

4.5.4 独具个性的鞋靴类搭配

设计说明 服饰有大量的花纹，且花纹颜色丰富，给人个性的感觉。搭配复杂的系带凉鞋，风格更统一。

色彩说明 以浅灰色为主色，搭配小面积的黄色、棕色、黑色、绿色，这些小元素起到画龙点睛的作用。让原本的灰色上衣变得更活泼。

RGB=198,193,185 CMYK=26,23,26,0
RGB=207,120,30 CMYK=24,62,95,0
RGB=57,38,14 CMYK=70,77,100,58
RGB=3,4,11 CMYK=93,89,82,75

1.上身长袖、下身短裤，更有流行、随性的感觉。
2.纹理丰富的短裤，突出了俏皮、个性的特点。
3.上衣、短裤中黑色的边缘线，将服装完美地搭配在一起。

4.5.5　鞋靴类色彩搭配秘笈——用色彩展现整体风格

关键词：大方　　　　　　　关键词：活泼　　　　　　　关键词：清新

　　白色的鞋饰搭配，给人干净顺遂的视觉印象，与包饰色彩相互呼应　　　柠檬黄色的鞋饰搭配，给人清新愉悦的视觉感受，起到提高整体服装色彩亮度的作用　　　清新的淡蓝色鞋饰搭配牛仔材质面料服装，形成一种富有规律性的层次搭配视感

4.5.6　优秀搭配鉴赏

4.6 包类

包有多种表现形式，按照功能可分为手拿包、挎包、拎包、背包、公文包等。包饰不仅用于承载物品，也能够反射出搭配者的身份地位、性格特征，以及独特的审美品位。与服装主体色彩和款式设计搭配和谐，包饰便能够成为整体搭配的闪光点，起到画龙点睛的作用。从古至今，包饰的设计搭配就与服装的演变史有着密不可分的联系，随着日新月异的时尚潮流，包饰已成为服装整体造型搭配中至关重要的物品。

4.6.1 手把手教你——包类饰品搭配方法

包类饰品的搭配需要掌握以下几点特征。

特征1： 包饰的款式面料选材多种多样，用来搭配不同款式风格的服装。不同种材质有不同种的保养方法，只有通过正确的保养方法，才能够使包饰焕发新的光彩。

特征2： 通过包饰的色彩变换，可以直观地反射出搭配者的性格特色，并且能够和服装整体形成色彩互补的视觉效果。合理的色彩搭配，能够使包饰带给人眼前一亮的感觉。

特征3： 包饰的版型设计也对整体造型效果有着重要的影响。小巧精致的包饰版型设计，能够带给人清新可爱的感觉；宽大随性的版型设计，给人休闲不羁的视觉印象。

4.6.2　包类饰品搭配方案——举一反三

掌握包类饰品搭配的三点特征，合理发挥要点并运用到实际操作当中。

1.军绿色毛呢外套与驼色长裤的色彩对比搭配，给人以和谐舒适的视觉效果；包饰的配色选择与长裤形成富有渐变感的层次秩序对比印象。

2.服装整体面料选材质地较厚，所以挑选款式和材质厚度相对较为轻薄的皮革材质包饰，以平衡服装主体与包饰搭配之间的密度差异，并且能够起到很明显提亮整体服装造型明度的作用，包饰搭配在其中起到至关重要的作用。

3.整体服装造型风格偏向日常休闲，适宜冬季穿着搭配，整体造型设计给人以潇洒英气的女性印象，饰品搭配相对来讲也更为英气洒脱。

RGB=218,172,58
CMYK=21,37,83,0

RGB=177,182,152
CMYK=37,24,43,0

RGB=224,183,116
CMYK=17,33,59,0

RGB=52,53,58
CMYK=80,75,67,41

RGB=76,78,44
CMYK=66,78,77,45

明度对比

低明度	高明度
低明度色彩的包类饰品，色彩更为浓郁丰厚，搭配服装主体造型能够更为深刻立体地体现服装内涵元素。但明度过低，会给人以平凡、落寞的视觉印象	高明度色彩应用于包类饰品，衬托服装整体造型设计更为轻便优雅。但色彩明度过高，会给人浮夸、厌烦的印象

4.6.3　清新亮丽的包饰搭配

设计
说明　包饰元素的搭配融入，为本就由不同材质单品组成的造型融入更为多元化的内涵。

色彩
说明　服装整体色彩搭配符合配色规则，呈现出富有层次的渐变视觉感受。

- RGB=25,31,43 CMYK=90,85,69,55
- RGB=221,149,101 CMYK=17,50,61,0
- RGB=149,183,228 CMYK=46,23,1,0
- RGB=231,233,223 CMYK=12,7,14,0

1.服装冷暖交替的色彩方案，均衡整体设计。
2.服装款式造型轻快灵活，富有青春律动感。
3.整体风格给人以活力四射的学院风印象。

4.6.4　优雅婉约的包饰搭配

设计
说明　服装整体设计内涵丰富却不杂乱，繁简交加的设计为整体造型更添独特美感。

色彩
说明　服装配色与鞋饰配色对比明显，形成鲜明的阶梯式色彩对比效果。

- RGB=133,100,75 CMYK=54,63,73,9
- RGB=132,134,133 CMYK=55,45,44,0
- RGB=165,151,139 CMYK=42,41,43,0
- RGB=176,174,170 CMYK=36,30,30,0

1.装饰有流苏的鞋饰给人休闲随性的感觉。
2.明黄色的裤边装饰点亮整体服装配色亮度。
3.添加民族元素使服装变换，更具独特的风格。

4.6.5　包类色彩搭配秘笈——用色彩加深印象

关键词：简约　　　　　　　　关键词：优雅　　　　　　　　关键词：清新

主体服装以黑白配色的形式，展现出最为纯粹的效果，搭配灰色包饰更为简洁明朗

紫罗兰色包饰在整体造型中尤为瞩目，突显出女性柔情似水的隐含美感

海蓝色给人清爽舒适的感受，与主体服装配色方案相辅相成，互不冲突

4.6.6　优秀搭配鉴赏

4.7 发饰类

    发饰的种类较为广泛，通常用来装饰头发的物件都可以称作发饰。发饰种类众多，品牌纷繁。自古代起，人们就对发饰有着追求和希冀，通常用各种珍贵的玉石或珠宝镶嵌其中，不仅能够起到美观发髻的作用，还具有托物寄情的美好寓意。发展至今，发饰已经不仅仅是装饰于头部的物品，而是一种文化的交汇、改良与传承。

4.7.1 手把手教你——发饰类饰品搭配方法

发饰类饰品的搭配需要掌握以下几点特征。

特征1： 发饰的色彩多种多样，多根据服装主体作为挑选标准。色彩明度较低给人沉稳高雅的印象，明度、饱和度较高的色彩带给人欢快活跃的视觉感受。

特征2： 发饰的款式设计随服装主体搭配，根据佩戴者的个人气质和风俗进行合理妥善的风格搭配选择。或浓郁强烈或淡雅清甜，使发饰散发着非凡的魅力。

特征3： 发饰用来衬托服装主体，不同材质能够表现不同气质风格。质地轻盈的发饰给人婉约含蓄的印象；材质厚度密实的发饰，常给人以成熟稳重的视觉印象。

4.7.2 发饰类饰品搭配方案——举一反三

掌握发饰类饰品的三点特征，合理发挥要点并运用到实际操作当中。

1.服装主体设计定义为低胸V领雪纺质地晚礼裙，服装选材质地轻盈透薄，发饰和配饰可以选用质地密度较高的材料装饰，以均衡整体服装搭配设计。

2.服装整体造型呈现清雅冷峻的风格特色，镂空树枝状的皇冠头饰设计，带给人灵动活跃的视觉感受，与配饰和鞋饰相互辉映，营造出精致优雅的感官体验。钻饰的点缀装饰也更为锦上添花，提亮服装整体设计明度，增添高贵典雅的气息。

3.头饰选用和服装主体相近的配色方案，呈现出和谐统一的视觉效果。淡金色手包、金色镂空戒指与银灰色高跟鞋搭配，使得服装整体元素更为丰富饱满。

RGB=2353,26,239
CMYK9,7,5,0

RGB=240,235,222
CMYK=8,8,14,0

RGB=145,149,154
CMYK=50,39,34,0

RGB=243.217.157
CMYK=8.18.44.0

RGB=193,180,159
CMYK=30,29,37,0

明度对比

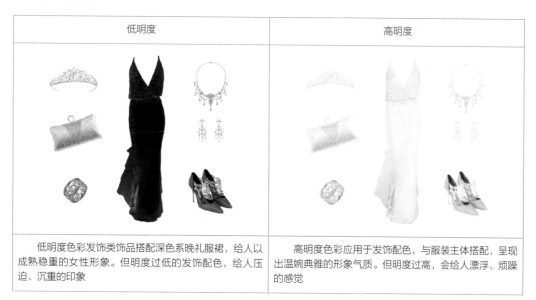

低明度	高明度
低明度色彩发饰类饰品搭配深色系晚礼服裙，给人以成熟稳重的女性形象。但明度过低的发饰配色，给人压迫、沉重的印象	高明度色彩应用于发饰配色，与服装主体搭配，呈现出温婉典雅的形象气质。但明度过高，会给人漂浮、烦躁的感觉

4.7.3　柔情婉约的发饰搭配

花瓣外形的头饰与服装整体搭配协调统一，尽显女性的柔情与婉约，十分引人注目。

高饱和度的淡紫色与人物服装相呼应，使得整体造型给人温柔、和谐的印象。

RGB=203,176,183 CMYK=24,34,21,0

RGB=185,150,130 CMYK=34,45,47,0

RGB=230,221,217 CMYK=12,14,13,0

1. 花瓣状的头饰，具有很强的立体层次感。
2. 以淡色为主的头饰尽显佩戴者清新优雅的气质。
3. 服装设计简单大方，使整体统一协调。

4.7.4　清新质朴的发饰搭配

服装整体设计简约却不简单，越纯粹的风格设计反而越能折射出更为深层次的内涵。

以半成熟的浆果形状作为发饰形态，搭配白裙打底，呈现出少女的青涩与稚嫩感。

RGB=211,226,158 CMYK=24,5,47,0

RGB=126,125,70 CMYK=59,48,84,3

RGB=251,243,204 CMYK=4,5,26,0

RGB=235,236,244 CMYK=10,7,2,0

1. 不同明暗度的绿色能够呈现出丰富层次质感。
2. 纯白色裙打底更能充分体现发饰的闪光之处。
3. 整体造型设计搭配给人以清新淡雅的少女感。

4.7.5　发饰类色彩搭配秘笈——用色彩彰显气质

关键词：清雅　　　　　　　关键词：浪漫　　　　　　　关键词：纯净

  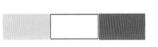

　　绿色无疑是最能带给你清凉感觉的颜色，绿色发饰更适合夏季佩戴　　紫罗兰色发饰在整体造型中尤为瞩目，突显出女性柔情似水的隐含美感　　海蓝色发饰给人清爽舒适的感受，与主体服装配色方案相辅相成，互不冲突

4.7.6　优秀搭配鉴赏

Dress Collocation Design

5

四季的服装搭配

本章节主要讲述四季的服装搭配方法与材质面料的选材。四季的温差变换巨大，穿着应季的衣服不仅可以带来舒适的穿着感受，还能够充分体现不同季节带来的非凡魅力。

● 面料密度越高越为厚实，或硬挺或柔软的版型设计展现不同的风格。

● 不同季节有着不同的色彩搭配方案，同时根据穿着者自己条件气质进行搭配。

● 合理妥帖的四季服装搭配，是提升整体精神面貌的重点所在。

5.1 春

　　春秋季节通常温度差距不大，春装服饰设计，没有冬装搭配的沉重束缚，也没有夏装的奔放热情，而是以一种含蓄内敛的设计美感呈现在大众的视野中。春装服饰款式设计的种类多种多样，并且应用于各种出行场合，有各种不同的搭配方案和面料选材。

5.1.1 手把手教你——春季服装搭配设计方法

春季服装的设计搭配需要掌握以下几点特征。

特征1： 结合春季的气候特点，选择材质密实挡风的服装款式面料，褪去棉衣的笨重肥大，春季服装的版型更为挺括立体，充满刚毅中性的气息。

特征2： 春季服装搭配随出行场合和个人气质风格转换，或乖巧可爱或直爽率性，提升穿着者整体精神面貌的同时，具有一定的保暖作用。

特征3： 春季万物复苏，可以尽量挑选粉嫩清新的色彩搭配，深色系的春季服装搭配也能够呈现出一定的收缩视觉感，都是合理妥善的春装色彩搭配方案。

服装搭配设计基础教程

5.1.2　春季服装搭配设计方案——举一反三

掌握春季服装的三点特征，合理发挥要点并运用到实际操作当中。

1.服装整体色调明度高、饱和度低，色调柔和舒适，浅驼色的内衬与皮粉色的风衣外套形成相近色渐变的视觉效果，充满浓厚的小女人气息。

2.服装整体版型设计定义为宽松的款式，更能够凸显穿着者轻松随性的着装气息，玫紫色与嫩粉色的配饰与服装主体配色，很好地融为一体，呈现出富有层次质感的色彩搭配方案；卡其色的腰带点缀其间，丰富整体细节内涵。

3.钻饰和铆钉的细节装饰使原本单调的服装设计更为丰富具体；裙身的褶皱设计为平整的服装面料增添律动活泼的视觉效果。

RGB=247,217,183
CMYK=4,20,30,0

RGB=213,160,127
CMYK=21,44,49,0

RGB=24,211,202
CMYK=5,23,18,0

RGB=199,133,73
CMYK=28,55,76,0

RGB=147,54,91
CMYK=51,91,52,4

明度对比

低明度	高明度

低明度色彩应用于春装服装搭配，能够在视觉效果上呈现出一定的收缩效果。但明度过低的春季服装配色给人沉闷、压抑的感觉	高明度色彩应用于春季服装搭配，常给人清新、透亮的视觉感受。但明度过高的色彩搭配方案给人聒噪、浮夸的印象

5.1.3　时尚摩登的春装搭配

服装整体设计简约大方，简单的条纹图案点缀更为丰富整体服装内涵细节。

色彩说明　明暗色彩对比使服装色彩具有丰厚的层次质感，提亮服装整体色调。

- RGB=250,251,239 CMYK=3,1,9,0
- RGB=98,67,56 CMYK=62,73,76,30
- RGB=96,36,37 CMYK=57,90,83,42
- RGB=27.26.32 CMYK=86.83.74.63

1. 针织的面料设计柔软舒适，具有保暖性能。
2. 漆皮亮面的鞋饰搭配，增添细节材质元素。
3. 包饰贴合服装主体元素内涵，相互辉映点题。

5.1.4　怀旧复古的春装搭配

设计说明　不规则图案元素与高腰款式设计，碰撞出复古与现代的灵感火花。

色彩说明　交叉高低明度配色的搭配方案，呈现出层出不穷、美轮美奂的视觉效果。

- RGB=232,224,223 CMYK=11,13,11,0
- RGB=166,149,142 CMYK=41,42,41,0
- RGB=102,73,156 CMYK=73,80,7,0
- RGB=24,16,26 CMYK=87,89,75,67

1. 不同明暗度上衣配色呈现出浓郁的复古姿态。
2. 高腰白裙设计提升整体亮度，增添风格特色。
3. 整体造型设计搭配给人错落有致的层次视感。

5.1.5　春季服装色彩搭配秘笈——用色彩转换心情

关键词：活跃

关键词：清新

关键词：淡雅

米白色更为突出具有特色的下装搭配，给人时尚摩登的视觉感受

水蓝色的上装搭配喷墨牛仔裤，整体设计充满浓厚的春天气息

藕荷色上装搭配墨点牛仔休闲裤，给人以优雅端庄的视觉印象

5.1.6　优秀搭配鉴赏

5.2　夏

　　根据夏季的气候特色以及着装习惯来讲，夏季服装面料具有轻薄透气的风格特点。夏季赋予服装设计搭配更多的可能性，夏季服装选材用料多挑选纯棉或雪纺材质，服装图案设计或色彩斑斓或纯色淡雅，根据穿着者自身的风格气质以及日常出行场合进行合理妥善的服装搭配设计。

5.2.1　手把手教你——夏季服装搭配设计方法

夏季服装的设计搭配需要掌握以下几点特征。

特征1： 夏季服装设计风格最为多变，因夏季气候炎热，在服装搭配设计中能够更好展现出曼妙的身体曲线美，在图案元素的搭配中也能够融入更为多元的风格设计。

特征2： 夏季服装色彩适宜选用浅色调进行剪裁，搭配薄纱类的服装面料，能够给穿着者带来舒适透气的穿着感受的同时，还呈现出轻盈愉悦的姿态。

特征3： 贴身的款式设计给人妩媚妖娆的视觉感受；松阔飘逸的款式设计呈现洒脱飘逸的感觉。结合穿着者自身气质搭配才能够塑造出成功的搭配方案。

5.2.2 夏季服装搭配设计方案——举一反三

掌握夏季服装的三点特征，合理发挥要点并运用到实际操作中。

1.服装整体由巨大的明暗落差作为服装色彩基调，而米色的包饰正好缓和了两种色彩对冲所带来的视觉感受，使服装整体配色冷冽中又带有柔和的元素。

2.服装整体设计采用松紧互相协调互补的版型设计方案，黑色紧身高腰短裤的搭配，能够体现穿着者更为职业干练的一面，宽松的无袖外搭设计，为整体造型搭配营造出简约清爽的视觉印象，两者相互辉映。

3.网纱高跟鞋的设计，为服装造型增添夏意的同时，带来凉爽透气的穿着感受。贝母材质首饰也为服装整体造型更添娇柔妩媚的女性气息。

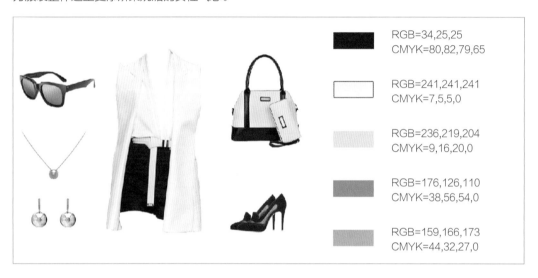

RGB=34,25,25
CMYK=80,82,79,65

RGB=241,241,241
CMYK=7,5,5,0

RGB=236,219,204
CMYK=9,16,20,0

RGB=176,126,110
CMYK=38,56,54,0

RGB=159,166,173
CMYK=44,32,27,0

明度对比

低明度	高明度
低明度色彩应用于夏季服装搭配，能够给人一种沉稳、笃定的视觉感受。但明度过低的搭配方案，会给人闷热、压抑的感觉	高明度色彩应用于夏季服装搭配，给人以清爽、干净的视觉印象。但明度过高，常给人轻薄、浮夸的感受

5.2.3　俏皮可爱的夏装搭配

繁简互补的设计搭配方案，营造出耳目一新的视觉冲击感，充满夏日阳光气息。

水蓝色T恤搭配印花短裙，整体造型少女感十足，色彩鲜艳明亮。

- RGB=250,251,239 CMYK=3,1,9,0
- RGB=234,69,60 CMYK=8,86,73,0
- RGB=6,14,98 CMYK=100,100,58,12
- RGB=249,255,138 CMYK=10,0,54,0

1. 高腰短裙设计更为提升和塑造腰部线条。
2. 纯棉质地上衣吸汗透气，穿着舒适柔软。
3. 柠檬黄色手包更为提亮服装整体造型明度。

5.2.4　青春律动的夏装搭配

条纹与波点两大经典元素的灵魂碰撞，使服装整体设计传统中又包含创新内涵。

服装整体色彩设计搭配方案呈现出一种阶梯美感。

- RGB=247,249,248 CMYK=4,2,3,0
- RGB=251,119,55 CMYK=0,67,77,0
- RGB=47,170,229 CMYK=71,20,4,0
- RGB=241,120,94 CMYK=5,66,58,0

1. 内搭短裙设计俏皮可爱，具有塑形紧身的作用。
2. 高领外套体现穿着者阳光率性的性格特征。
3. 服装整体面料弹力吸汗，适宜运动时穿着。

5.2.5 夏季服装色彩搭配秘笈——用色彩彰显气质

关键词：清新

关键词：粉嫩

关键词：浪漫

　　浅灰色与黑色搭配给人端庄典雅的印象，并在视觉感受上呈现出一定的拉伸效果

　　柔弱与阳刚的碰撞形成鲜明的色彩对比，给人以强烈的视觉冲击感

　　紫罗兰色使服装整体搭配充满成熟女性气息，营造出妩媚浪漫的风格特征

5.2.6 优秀搭配鉴赏

5.3　秋

　　秋季服装即秋季穿着搭配的服装饰品。秋季服装有别于夏季服装注重的轻薄透气，以及冬季服装注重的保暖抗寒。秋季气候由暖转寒，结合早晚温差的巨大变化，所以衣服面料搭配不可过于轻薄。合理妥善地结合自身气质，进行秋装搭配，即使不显露曲线美，也能够营造出一种朦胧保守的传统美感。

5.3.1 手把手教你——秋季服装搭配设计方法

秋季服装的设计搭配需要掌握以下几点特征。

特征1： 秋季气候干燥风疾，所穿着搭配的服装面料质地不应过于轻薄，密度高、版型挺括的面料更适合用于秋季服装的面料选材。

特征2： 秋季服装的色彩搭配应挑选明度较低的搭配方案。一方面，符合秋季着装搭配的基本配色规律；另一方面，在视觉感受上呈现出一定的收缩感。

特征3： 秋季服装面料组织密实，布料版型挺括，以松阔的版型设计多见，从实用性角度出发，更为符合秋季着装特点，并且提升穿着者自身风格气质。

5.3.2 秋季服装搭配设计方案——举一反三

掌握秋季服装的三点特征，合理发挥要点并运用到实际操作当中。

1.服装整体配色恬淡静雅，整体服装色彩明度偏高，一抹锦绿色的点缀将整体设计衬托得更为理性睿智，浅灰色高跟鞋为整体搭配增添更为丰富的层次质感。

2.服装整体定义为宽松舒适的版型设计，富有光泽感的面料选材为服装整体造型增添立体的多元的感受。松阔的版型设计能够使穿着者呈现更为优雅慵懒的风格状态，同时带来舒适的穿着感受。

3.不规则的项链点缀，更为精致具体地呈现服装主体设计。米白色手包与浅灰色高跟鞋折射出富有舒适渐变视感的搭配设计。

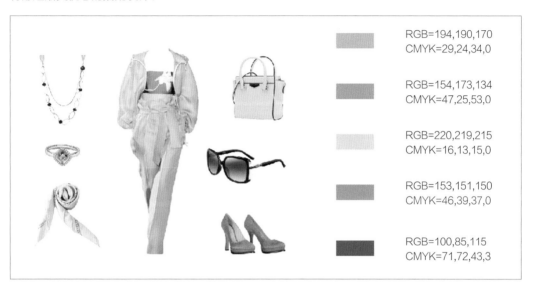

RGB=194,190,170
CMYK=29,24,34,0

RGB=154,173,134
CMYK=47,25,53,0

RGB=220,219,215
CMYK=16,13,15,0

RGB=153,151,150
CMYK=46,39,37,0

RGB=100,85,115
CMYK=71,72,43,3

明度对比

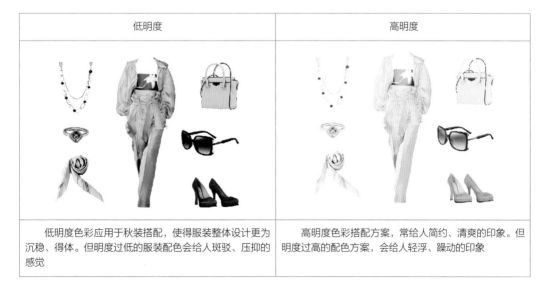

低明度	高明度
低明度色彩应用于秋装搭配，使得服装整体设计更为沉稳、得体。但明度过低的服装配色会给人斑驳、压抑的感觉	高明度色彩搭配方案，常给人简约、清爽的印象。但明度过高的配色方案，会给人轻浮、躁动的印象

5.3.3 成熟干练的秋装搭配

服装整体设计成熟性感，豹纹礼帽的点缀尤为亮眼，体现穿着者典雅睿智的气质。

色彩说明 驼色与黑色一亮一暗，形成鲜明强烈的视觉对比，使服装设计造型更为瞩目。

■ RGB=231,184,140 CMYK=13,34,46,0
■ RGB=142,111,83 CMYK=52,59,70,4
■ RGB=23,17,20 CMYK=85,84,80,70

1.外套与下装配色上下辉映，点缀细节。
2.高腰设计将穿着者衬托得更为修长高挑。
3.茧型的版型设计更为突显成熟内敛的气质。

5.3.4 剪裁独特的秋装搭配

设计说明 服装整体设计给人以强烈的视觉冲撞感，营造出一种矛盾的季节模糊美感。

色彩说明 红色与黑色是经典的搭配组合，绿色叶子图案的点缀，丰富了服装主体内容。

■ RGB=179,41,74 CMYK=38,96,64,1
■ RGB=39,33,49 CMYK=85,87,65,50
■ RGB=61,100,92 CMYK=80,55,65,11

1.服装版型松阔，剪裁独特，具有丰富设计感。
2.黑色绑带设计的添加使服装整体更具有垂感。
3.服装整体设计给人清雅幽静的视觉印象。

5.3.5　秋季服装色彩搭配秘笈——用色彩展现风格

关键词：经典

关键词：清新

关键词：淡雅

黑、白的服装配色方案，赋予服装主体造型更为简约干练的外貌形象

天青色搭配黑色，给人以浓郁强烈的异域风情感

浅紫色与黑色搭配，形成了柔情与率性的对比冲击，赋予服装整体更为深刻的内涵

5.3.6　优秀搭配鉴赏

5.4　冬

冬季漫长寒冷，气候干燥。与季节相对应，冬季服装应注重于选择保暖、抵挡风寒的功能面料。有许多服装面料只有在冬季才能散发出特有的光彩，如毛呢、皮草等。冬季服装搭配并不只是传统思想中，一味的臃肿和烦琐，发挥奇思妙想，结合自身的气质风格，同样能够塑造出经典优雅的冬装设计搭配方案。

5.4.1 手把手教你——冬季服装搭配设计方法

冬季服装的设计搭配需要掌握以下几点特征。

特征1：冬季气候寒冷干燥，所选服装面料不应过于薄透，而应选用密度较高、版型硬挺的面料；另外，皮草等也是常见的冬季服装面料，可用来抵御严寒。

特征2：冬季服装的色彩明度都偏低，因为冬季服装通常较为臃肿繁重，采用低明度的色彩搭配方案，在一定程度上能够给人以收缩的视觉感受。

冬季服装面料硬挺，版型松阔，搭配金属类饰品给人以优雅干练的印象，搭配羊绒围巾给人以温婉恬静的感觉，服装风格随穿着者个人气质而变。

5.4.2　冬季服装搭配设计方案——举一反三

掌握冬季服装的三点特征，合理发挥要点并运用到实际操作当中。

1.服装整体色调偏棕红色，散发着成熟稳重的女性气息。服装整体色调和谐统一，错落有致的明暗色彩搭配赋予服装主体更为富有层次质感的内涵。

2.服装外套与下装均选用松阔的版型设计，不仅可以带来舒适的穿着感受，并且从视觉角度呈现"上窄下宽"的梯形视感，突显穿着者身材更为修长高挑。相近色的挎包更是为服装整体设计增添重叠次序美。

3.服装主体以偏棕红色调为主，饰品由其作为基础，进行不同高低明度的色彩搭配，营造出一种跳跃的视觉感受。

RGB=95,52,43
CMYK=59,80,81,38

RGB=114,41,53
CMYK=55,92,73,29

RGB=210,168,146
CMYK=22,39,40,0

RGB=70,71,75
CMYK=76,70,63,26

RGB=143,149,170
CMYK=51,40,25,0

明度对比

低明度	高明度

低明度的配色应用于冬季服装，给人以沉稳、笃定的视觉印象。但明度过低，给人压抑、沉重的感觉	高明度的冬季服装色彩搭配方案，使服装整体呈现出明亮、开朗的着装印象。但明度过高常给人以寒冷、轻薄的感觉

5.4.3 随性闲适的冬装搭配

[设计说明] 服装整体版型设计采用松紧相搭配的表现形式，展现出穿着者特有的气质风格。

[色彩说明] 米白、灰、黑色形成富有层次感的色彩搭配方案，为服装剪裁增添细节内涵。

- RGB=213,202,193 CMYK=20,21,23,0
- RGB=105,105,114 CMYK=67,59,49,3
- RGB=13,12,16 CMYK=89,86,81,73

1. 上宽下窄的搭配方式，更为拉长身材比例。
2. 皮毛拼接的外套更为丰富服装整体细节质感。
3. 服装整体设计简洁大方，给人以舒适视感。

5.4.4　雍容华贵的冬装搭配

设计
说明　多种元素的对撞冲击，形成本套独具特色的冬季服装搭配，散发着成熟优雅的魅力。

色彩
说明　红、白、黑三色的搭配应用合理大方，各具风姿却互不抢占，衬托服装风格雍容华美。

■ RGB=115,85,86 CMYK=61,69,61,13
■ RGB=94,29,51 CMYK=61,95,68,38
■ RGB=0,1,39 CMYK=100,100,69,60

1.厚重且密度高的面料选材符合冬装搭配标准。
2.条纹使皮草面料不再给人生硬老气的感觉。
3.服装整体设计给人生奢华典雅的视觉印象。

5.4.5　冬季服装色彩搭配秘笈——用色彩彰显气质

关键词：淡雅

浅蓝色的外套搭配为服装整体设计带来温婉淡雅的视觉感受

关键词：明艳

孔雀蓝色的融入，在一定程度上提升服装整体造型亮度，给人娇艳明丽的印象

关键词：浪漫

紫罗兰的色彩搭配，使穿着者整体散发着精致典雅的女性气息

5.4.6　优秀搭配鉴赏

Dress Collocation Design

6

服装色彩的视觉印象

本章节主要概述服装色彩搭配变换所带来的视觉体验，服装款式设计多种多样，代表服装风格的色彩搭配多种多样，不同色彩搭配所表达出来的情感也有所不同。

● 明度较高的服装配色能够给人轻快活泼的印象，相反则给人以沉稳笃定的感受。

● 服装色彩的选择，要根据穿着者自身气质以及服装版型进行搭配定义。

● 和谐出彩的服装色彩搭配，能够产生为服装整体设计锦上添花的视觉效果。

6.1 现代色配色

区别于传统服装单调匮乏的配色方案，现代服装配色变化更为多样，呈现出不同风格状态的服装色彩搭配。现代服装配色的重点在于，通过服装配色方案来展现穿着者独特的个人风格气质。

6.1.1 现代色配色特征

现代色配色需要掌握以下几点特征。

特征1： 现代风格服装配色方案，以简约大方的高纯度色块拼接的模式常见，塑造出富有时尚与质感的现代色服装配色风格。

特征2： 现代风格服装的剪裁更为符合现代人生活习惯与日常出行，剪裁方式根据穿着者自身条件而定，才能够散发出现代配色的独特光芒。

6.1.2 现代色配色方案——举一反三

掌握现代色配色的两点特征，合理发挥要点并运用到实际操作当中。

1.服装采用上下具有巨大明度对比差的色彩搭配方案，是现代风格服装配色的主要特点，使得服装整体造型给人强烈冲击感，更有穿着者自身独特的气质美感。

2.服装款式搭配，选用上短下长的款式搭配方案，这样的搭配方法，不仅使得穿着者在视觉角度呈现一定的拉伸作用，并且能够起到提升穿着者精神面貌的作用，是符合现代审美特色风格的版型设计方案。

3.饰品的配色方案也围绕服装主体进行组合搭配，丰富服装细节设计的同时，将服装整体内容呈现得更为具体完整。

RGB=211,66,20
CMYK=21,90,100,0

RGB=48,48,55
CMYK=82,77,67,44

RGB=239,229,219
CMYK=8,11,14,0

RGB=199,123,65
CMYK=28,61,79,0

RGB=113,69,57
CMYK=57,75,77,25

明度对比

低明度	高明度
低明度色彩应用于现代色配色，给人时尚摩登、充满科技感的视觉印象。但明度过低，则会给人压抑、沉闷的感觉	高明度色彩应用于现代色配色给人鲜活、靓丽的视觉感受。但明度过高则会给人浮躁、轻狂的视觉印象

6.1.3　饱满大方的现代色配色

设计
说明　服装整体设计没有多余的图案进行装饰，给人简洁、大方的印象。而且长款大衣，具有很好的包容效果与保暖性。

色彩
说明　纯度偏低的棕色具有稳重、高雅的色彩特征，搭配高明度的淡蓝色具有一定的中和效果。

■ RGB=125,75,46 CMYK=53,74,89,21

■ RGB=39,42,47 CMYK=84,78,70,50

■ RGB=186,223,248 CMYK=31,5,1,0

1.同色系的帽子以大衣相呼应，让整体十分整洁统一。

2.黑色的单肩包，尽显女性的独立与干练。

3.服装设计简单大方，使整体统一协调。

6.1.4　和谐统一的现代色配色

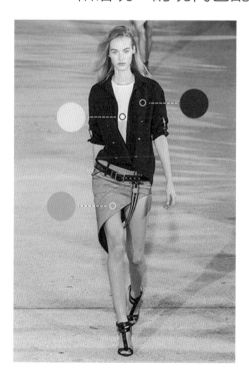

设计
说明　服装整体设计色彩过渡和谐统一，剪裁独特精到，富有现代服装风格主义。

色彩
说明　服装整体配色设计方案合理妥善，是一种具有渐变的层次视觉美感的搭配。

■ RGB=229,221,221 CMYK=16,14,11,0

■ RGB=155,155,169 CMYK=46,38,26,0

■ RGB=43,42,50 CMYK=83,80,68,48

1.不规则剪裁短裙设计能够更好展现腿部线条。

2.绑带凉鞋与腰带设计上下呼应，丰富细节。

3.服装整体造型简约清凉，符合现代着装习惯。

6.1.5　现代色配色色彩搭配秘笈——用色彩彰显气质

关键词：稳重

关键词：典雅

关键词：华贵

　　服装主体为充满现代风格的渐变色搭配方案，给人简洁干练的职业女性印象

　　西瓜红色麻料上装搭配，为原本生硬挺括的版型设计增添了一丝柔美的气息

　　金黄色的色彩搭配方案，给人以雍容华贵的视觉印象，起到提亮整体配色亮度的作用

6.1.6　优秀搭配鉴赏

6.2　时尚色配色

　　时尚色配色是通过某一个时代的审美观点，使大众能够产生视觉共鸣的色彩搭配。时尚色不仅
要满足求美者的视觉需求，
还要符合顺应时代发展的风
格变迁。色彩带给人情感，
循环不断地流行更替，才能
够带给人源源不断的视觉灵
感。当代对于时尚色配色的
定义，越来越倾向于简洁和
扁平化，呈现出明快、醒目
的现代时尚风格配色方案。

6.2.1　时尚色配色特征

　　时尚色配色需要掌握以下几点特征。

　　特征1： 时尚色配色
趋向于简洁明了，通常选
用明度较高、色度较低的
色彩。结合穿着者自身的
风格气质以及出行场合，
才能够选择和谐的配色
方案。

　　特征2： 时尚色配色
服装剪裁方式多变，极力
展现现代风格的独特与创
意。时尚色配色设计方案
与剪裁适合现代人的视觉
审美，更为展现现代人特
立独行的着装风格特色。

6.2.2 时尚色配色方案——举一反三

掌握时尚色配色的两点特征，合理发挥要点并运用到实际操作当中。

1.服装主体以黑色作为主体色调，搭配驼黄色菱形图案作为装饰，在突显端庄知性的服装特色同时增添丰富的内涵细节，呈现出更为多元的风格气息。

2.服装款式设计采用长短相交的搭配方式，富有视觉层次感。而双排扣与菱格挑花针织内衬的设计搭配，充满浓厚的复古风情，与时尚创新风格短西服外套搭配，塑造出浓郁饱满的视觉冲击效果。

3.饰品色调围绕服装主体进行搭配，高明度的饰品配色方案，能够起到很好的提升服装整体亮度、丰富细节内涵的作用。

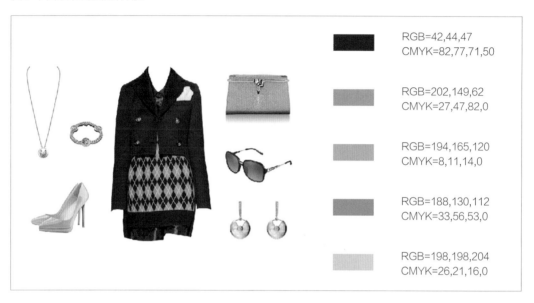

RGB=42,44,47
CMYK=82,77,71,50

RGB=202,149,62
CMYK=27,47,82,0

RGB=194,165,120
CMYK=8,11,14,0

RGB=188,130,112
CMYK=33,56,53,0

RGB=198,198,204
CMYK=26,21,16,0

明度对比

低明度	高明度
低明度色彩应用于时尚色配色服装，给人以低调、沉稳的视觉印象。但明度过低的时尚色配色，给人沉闷、压抑的感觉	高明度色彩应用于时尚色配色服装，给人以嘻哈玩味的视觉感受。但明度过低的服装配色，给人轻蔑、浮夸的印象

6.2.3　大方前卫的时尚色配色

设计说明 多种图案的交汇融合，碰撞出时尚摩登的视觉火花，呈现创意十足的风格搭配。

色彩说明 高明度、高饱和度的色彩搭配，呈现出更为前卫大方的视觉印象。

- RGB=204,216,230 CMYK=24,12,7,0
- RGB=255,99,78 CMYK=0,75,63,0
- RGB=92,213,224 CMYK=58,0,20,0

1.高腰的版型设计，更为拉长穿着者身材比例。
2.无袖马甲搭配，展现更为慵懒的气息。
3.服装整体设计呈现前卫大胆的时尚设计理念。

6.2.4　过渡柔和的时尚色配色

设计说明 独特的款式设计，搭配相近色过渡的配色方案，塑造出穿着者大方典雅的形象。

色彩说明 服装色彩搭配相近，且明度较低，呈现出富有层次质感的和谐视觉美感。

- RGB=144,117,79 CMYK=51,65,74,3
- RGB=60,64,56 CMYK=77,68,74,38
- RGB=23,24,26 CMYK=86,82,78,66

1.深V领充分缓和服装色彩所带来的生硬感。
2.宽腰带的搭配展现出穿着者纤细的身体曲线。
3.服装设计性感大方，配色方案过渡和谐。

6.2.5 时尚色配色色彩搭配秘笈——用色彩彰显气质

关键词：优雅　　　　　　　关键词：知性　　　　　　　关键词：明亮

服装整体配色明度较低，体现穿着者肤色更为白皙的同时，展现雅致闲适的风格气质

孔雀蓝色作为主色调的棉质服装面料，搭配蝴蝶图案，给人以雍容华贵的视觉感受

褐色作为底色，棕色作为点缀色，起到调整服装整体亮度的作用

6.2.6 优秀搭配鉴赏

6.3 朴素色配色

对比度明显、跳跃度大的色彩搭配、易产生强烈的视觉以及感官刺激，这种色彩搭配能够给人激昂的心理感受，也容易带来视觉疲劳感。而朴素色配色色调清淡，选用舒适缓和的色彩进行搭配组合，以缓解繁重色彩所带来的视觉疲劳。根据穿着者自身气质以及出行场合，才能够塑造出均衡和谐的配色设计方案。

6.3.1 朴素色配色特征

朴素色配色需要掌握以下几点特征。

特征1： 朴素色配色精髓在于，给人以返璞归真的视觉色彩感受，抛去纷繁的色彩组合与装饰搭配，将色彩更为直观地展现在大众面前。

特征2： 朴素色配色服装的款式设计以简洁明了著称，服装也多以棉、麻、雪纺等质地轻盈的面料进行组合搭配，能够更全面具体地呈现朴素配色服装的风格特色。

6.3.2　朴素色配色方案——举一反三

掌握朴素色配色的两点特征，合理发挥要点并运用到实际操作当中。

1.服装单品选用低明度色彩进行组合搭配。简洁明了，没有过多装饰搭配的朴素色配色，能够更为全面直观地表达服装主体内涵信息。

2.服装选用浅灰色低胸内衬，搭配藏蓝色卫衣外套，具有舒适透气的穿着感受，同时隐含女性独有的性感美。与黑色百褶中裙搭配，突显穿着者知性典雅却又充满青春活力的性格气息。整体造型呈现朴素优雅的穿着者形象。

3.服装主体配色款式设计朴素简洁，所以从饰品搭配着手，能够更为合理妥帖地将细节内涵融入服装主体设计当中。

RGB=60,64,94
CMYK=85,80,50,15

RGB=45,44,38
CMYK=79,74,79,54

RGB=16,27,54
CMYK=98,95,61,46

RGB=121,191,214
CMYK=55,13,16,0

RGB=249,221,178
CMYK=4,17,34,0

明度对比

低明度	高明度
低明度色彩应用于朴素色配色服装，给人以沉稳、笃定的视觉感受。但明度过低的服装配色，给人以沉重、压抑的感觉	高明度色彩应用于朴素色配色服装，给人清冷、优雅的视觉印象。但明度过高的服装配色给人冰冷、疏远的印象

6.3.3 宽松简洁的朴素色配色

 设计说明 系带款式大衣设计简洁大方，突显穿着者优雅闲适的风格气质。

色彩说明 服装整体配色设计方案和谐统一，给人以舒适具体的视觉过渡感。

RGB=153,158,176 CMYK=46,36,23,0

RGB=4,78,151 CMYK=95,74,16,0

RGB=249,246,246 CMYK=3,4,3,0

1.明暗互补对比能够呈现富有层次感的搭配。
2.高腰系带的设计大大拉伸了腿部比例。
3.服装整体设计给人以低调朴素的气质印象。

6.3.4 简约甜美的朴素色配色

 设计说明 松紧搭配的款式设计方案，使得穿着者呈现出优雅随性的风格气息。

色彩说明 深浅豆沙色内衬与浅灰色外套搭配，塑造出穿着者温婉优雅的气质。

RGB=205,182,184 CMYK=23,31,22,0

RGB=176,170,175 CMYK=36,32,26,0

RGB=189,129,136 CMYK=32,57,37,0

1.具有厚度垂感外套突显穿着者更为齐整的精神面貌。
2.高腰短裙的搭配方式更为拉长身材比例。
3.服装整体设计搭配给人低调、涵养的视觉感受。

6.3.5 朴素色配色色彩搭配秘笈——用色彩彰显气质

关键词：清新

简洁朴素的渐变色彩搭配塑造出舒适和谐的视觉感受，条纹图案将服装表现得更为活跃具体

关键词：典雅

上下装巨大的色彩明度落差，形成强烈而又鲜明的视觉感受，增添层次质感

关键词：甜美

粉嫩的条纹搭配设计，突显穿着者更为活泼俏皮的风格气息

6.3.6 优秀搭配鉴赏

6.4　华贵色配色

华贵色配色通过服装设计来进行表达，米色调、棕黑色调或棕红色调，都能给人以古典、高贵的气质。薄纱、丝缎或毛绒等服装面料给人一种雍容华贵的视觉印象。图案元素的融入与服装配饰的搭配对于服装整体效果也起着至关重要的作用。华贵色配色服饰搭配精致典雅的饰品才是最为合理妥帖的搭配方案。

6.4.1　华贵色配色特征

华贵色配色需要掌握以下几点特征。

特征1：华贵色服装配色的重点在于，多以低明度色彩或米色、白色为主，给人以沉稳优雅的视觉感受，服装配饰相对应明度较高，两者搭配互补，表现出均衡沉着的视觉效果。

特征2：华贵服装剪裁独特，版型多以贴身设计为主，一方面，能够更好突显穿着者曼妙的身体曲线美感；另一方面，能够与复杂款式外套进行完整妥善的搭配组合。

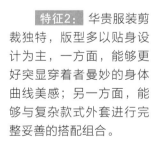

6.4.2 华贵色配色方案——举一反三

掌握华贵色配色的两点特征，合理发挥要点并运用到实际操作当中。

1.服装整体配色方案，给人以沉稳、笃定的视觉效果，和谐舒适的色彩过渡不仅带来均衡的视觉感受，并且搭配风格经典优雅，更为突显穿着者雍容华贵的风格气息。

2.服装整体采用复合式贴身的款式设计，融入千鸟格元素的彼得潘领无袖棉麻材质外套，为服装整体造型呈现知性典雅的一面。镶嵌有徽章装饰的鱼尾长裙搭配，打破传统硬性的服装款式设计，展现跳跃创新的搭配方案。

3.装饰配色围绕服装主体作相应的设计搭配，低明度装饰配色与长裙上下呼应，高明度装饰配色提升服装整体亮度，呈现富有均衡感的层次秩序。

RGB=63,62,68
CMYK=78,73,64,32

RGB=150,144,141
CMYK=48,42,41,0

RGB=137,108,114
CMYK=55,62,49,1

RGB=230,193,176
CMYK=12,30,29,0

RGB=151,158,166
CMYK=47,35,30,0

明度对比

低明度	高明度
低明度色彩应用于华贵色配色方案中，服装整体设计给人大气、沉稳的视觉感受。但明度过低的配色会产生斑驳、低沉的情绪	高明度色彩应用于华贵色配色方案中，起到提升服装整体亮度的作用。但明度过高的配色给人轻浮、高傲的印象

6.4.3　雍容传统的华贵色配色

两种不同材质面料的质感与厚重感的冲击搭配，形成一种富有强力视觉对比的视感。

色彩说明 采用不同明暗饱和度的红色塑造出富有渐变层次秩序的色彩搭配方案。

- RGB=231,120,109 CMYK=11,66,50,0
- RGB=167,48,49 CMYK=41,93,87,6
- RGB=48,23,24 CMYK=72,86,81,64

1.吊带印花裙的设计来源于传统剪纸艺术。
2.披肩与毛靴设计搭配形成上下呼应的效果。
3.服装整体设计呈现出喜悦活泼的视觉印象。

6.4.4　成熟优雅的华贵色配色

设计说明 大方典雅的服装款式搭配设计，为穿着者增添一丝成熟女性特有的妩媚娇柔。

色彩说明 内衬与外套形成巨大的明暗对比，给人以强烈的视觉冲击，突显穿着者优雅沉稳的感觉。

- RGB=108,102,83 CMYK=64,58,69,10
- RGB=255,15,65 CMYK=0,95,64,0
- RGB=38,35,39 CMYK=82,80,73,56

1.貂绒外套体现雍容华贵的同时具有保暖性能。
2.黑色内衬裙搭配更为拉长穿着者腿部线条。
3.服装整体设计给人优雅知性的视觉风格印象。

6.4.5　华贵色配色色彩搭配秘笈——用色彩展现整体风格

关键词：优雅

关键词：睿智

关键词：韵味

孔雀蓝色内衬配色饱和度较高，给人鲜明跳跃的视觉感受，衬托优雅的气质风范

浅灰色的内衬配色，呈现出更为低调内敛的视觉感受，缓和外套所带来的视觉冲击感

紫罗兰色搭配，使得服装整体设计散发出极富成熟女性韵味的风格气息

6.4.6　优秀搭配鉴赏

6.5　浪漫色配色

浪漫色配色象征着温情与唯美的巧妙融合。浪漫色并不单指粉色，所有给人以柔和雾感的色彩，都可以称作浪漫。区别于其他风格色彩的明艳动人，浪漫色以它独有的轻柔与温婉，诠释着浪漫风格配色赋予女性的特殊魅力。

6.5.1　浪漫色配色特征

浪漫色配色需要掌握以下几点特征。

特征1： 浪漫色配色方案，多给人以轻快柔和的视觉感受，通常选用饱和度较低、明度较高的色彩搭配，给人少女般的轻柔梦幻感，呈现轻快缥缈的视觉感受。

特征2： 浪漫色配色服装设计，多选用薄纱或较为轻盈的材质面料，融入服装剪裁设计当中，更为贴合浪漫色配色主旨，呈现出穿着者轻盈的身姿体态。

6.5.2 浪漫色配色方案——举一反三

掌握浪漫色配色的两点特征，合理发挥要点并运用到实际操作当中。

1.服装选用经典的红白波点图案，进行了大面积的装饰搭配，使服装整体设计完成经典与创新的完美融合，塑造出充满浪漫气息的服装设计搭配。

2.服装主体采用薄纱作为服装选材，一方面，适宜夏季穿着，轻薄透气的材质特性能够带来舒适的穿着体验；另一方面，薄纱材质与波点图案元素的应用搭配，给人以轻盈的视觉感受，更为突显穿着者优雅温婉的风格气质。

3.服装配饰均选用高明度色彩进行组合搭配，与服装主体设计结合，全面提升服装整体搭配亮度，给人以清新亮丽却不失浪漫的气息感受。

RGB=241,238,234
CMYK=7,7,8,0

RGB=238,186,180
CMYK=8,35,24,0

RGB=217,024,213
CMYK=18,22,11,0

RGB=208,167,151
CMYK=23,39,37,0

RGB=198,176,151
CMYK=27,33,40,0

明度对比

低明度	高明度

较低明度色彩应用于浪漫色配色服装，给人蕴含丰富内容的思想感受。但明度过低的服装配色，会给人斑驳、消沉的印象	高明度色彩应用于浪漫色配色服装，整体呈现出轻盈梦幻的风格。但明度过高的服装配色，会给人浮夸、轻薄的感觉

6.5.3 清新淡雅的浪漫色配色

设计
说明 服装款式设计简洁明了，视觉角度拉长穿着者身材比例，更具优雅甜美的气质感。

色彩
说明 米色打底，欧式印花的图案设计，衬托服装整体更为清新脱俗。

■ RGB=230,227,218 CMYK=12,11,15,0
■ RGB=138,138,125 CMYK=53,44,50,0
■ RGB=231,174,180 CMYK=11,40,20,0

1.低胸一字肩设计使整体服装散发女性气息。
2.高腰设计在视觉角度更为拉伸腿部曲线美。
3.服装整体设计给人以清新淡雅的视觉感受。

6.5.4 优雅飘逸的浪漫色配色

设计
说明 本套服装选用不同材质拼接而成，结合独特的剪裁设计，给人以强烈的视觉冲击。

色彩
说明 不同明暗度紫色的结合，为服装整体设计融入更富有层次秩序的内涵感受。

■ RGB=220,213,225 CMYK=16,17,7,0
■ RGB=1,112,191 CMYK=40,64,0,0
■ RGB=75,10,90 CMYK=86,100,55,12

1.低胸设计为服装整体增添丰富的细节内涵。
2.纱质的裙摆设计增添朦胧缥缈的视感。
3.服装整体设计给人以飘逸浪漫的视觉感受。

6.5.5 浪漫色配色色彩搭配秘笈——用色彩彰显气质

关键词：委婉　　　　　　　关键词：清雅　　　　　　　关键词：高贵

服装整体色调渐变感和谐，豆沙色更为凸显女性独有的娇柔妩媚的气质美感

珍珠白搭配湖蓝色尤为亮眼，同时衬托穿着者更为白皙高挑，充满活泼律动的灵气

蓝紫色散发着一种梦幻般的浪漫色彩，呈现出女性独立成熟的个性美

6.5.6 优秀搭配鉴赏

6.6　可爱色配色

从配色表现来讲，可爱色配色倾向于明度较高的服饰色彩，并且具有能够和低饱和度色彩相互搭配组合的特性。可爱色配色也可以从配饰设计着手，具有很强的可塑性，多元性质的色彩延展性结合穿着者自身的风格气质，才能够设计出符合视觉审美的服装设计造型。

6.6.1　可爱色配色特征

可爱色配色需要掌握以下几点特征。

特征1： 可爱色服装配色设计方案并没有特定的色度标准，或明亮或暗哑。合理地进行材质和饰品的组合都能搭配出别具一格的服装设计方案。

特征2： 可爱色配色服装版型设计通常较为蓬松，呈现出圆润挺括的身姿体态，不仅体现穿着者甜美可人的一面，并且具有舒适和谐的穿着体验，实用妥帖。

6.6.2　可爱色配色方案——举一反三

掌握可爱色配色的两点特征，合理发挥要点并运用到实际操作当中。

1.红白蓝色格子的组合搭配，为服装整体造型设计增添俏皮活泼的内涵元素，与浅蓝色低腰牛仔短裙形成较大的明暗饱和度对比，更为增强服装整体存在感。

2.无袖的上衣款式设计突显穿着者更为活泼律动；系带的设计在整体服装造型中也尤为亮眼，与低腰牛仔短裤上下呼应，突显穿着者俏皮可爱的风格气质。粉色高跟鞋为整体设计融入甜美可人的少女情怀，起到很好的陪衬作用。

3.服装整体设计给人以青春活力、积极向上的视觉印象，配饰同样围绕服装主体色彩进行搭配结合，不同饱和度的配饰搭配呈现出富有层次质感的视觉印象。

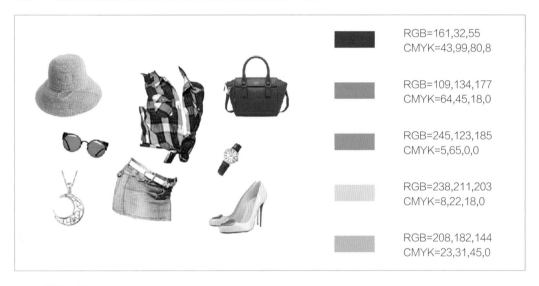

RGB=161,32,55
CMYK=43,99,80,8

RGB=109,134,177
CMYK=64,45,18,0

RGB=245,123,185
CMYK=5,65,0,0

RGB=238,211,203
CMYK=8,22,18,0

RGB=208,182,144
CMYK=23,31,45,0

明度对比

低明度	高明度
低明度色彩应用于可爱色配色服装，给人以成熟却不失甜美可爱的视觉效果。但明度过低的服装配色，给人沉闷、乏味的印象	高明度色彩应用于可爱色配色服装，给人清透、凉爽的视觉印象。但明度过高的服装配色，给人夸张、轻浮的印象

6.6.3　粉嫩优雅的可爱色配色

服装款式设计简洁大方，清晰的线条勾勒，为柔和的色彩增添一抹英气美感。

粉色与白色合理而又巧妙的结合，起到衬托作用的同时强调服装主题特色。

- RGB=249,255,252 CMYK=3,0,3,0
- RGB=250,190,190 CMYK=1,36,18,0
- RGB=244,25,118 CMYK=3,93,26,0

1. 大面积使用纯度高的粉色呈现给人温暖感。
2. 阔腿裤的设计为服装整体增添随性洒脱感。
3. 服装整体设计给人甜美可人又富有英气的印象。

6.6.4　简洁清爽的可爱色配色

服装整体以简单的T恤搭配牛仔短裤，给人清爽、活力的印象。而且女孩甜美的笑容，给人很强的治愈感。

白色搭配蓝色，经典的颜色组合方式十分引人注目。而且紫色头绳的点缀，极具视觉冲击力。

- RGB=134,28,182 CMYK=53,74,89,21
- RGB=255,255,255 CMYK=0,0,0,0
- RGB=0,56,130 CMYK=100,88,29,0

1. 上浅下深的颜色组合方式，给人青春活力的印象。
2. 紫色和蓝色的头绳，在交叉编织中为单调的发色增添了色彩。
3. 活泼可爱的人物造型，让整体的视觉效果更具吸引力。

6.6.5　可爱色配色色彩搭配秘笈——用色彩彰显气质

关键词：粉嫩　　　　　　　　　　关键词：优雅　　　　　　　　　　关键词：靓丽

　　粉嫩配色的服装搭配黑色的鞋子，形成一种强烈的明暗对比，更显甜美稚嫩

　　蓝绿色的裙体搭配为穿着者增添一丝生机活力感，给人以清新亮眼的视觉搭配效果

　　玫红色的色彩搭配，具有较高的色彩饱和度，服装整体设计给人以鲜艳醒目的印象

6.6.6　优秀搭配鉴赏

6.7　凉爽色配色

凉爽色配色服装，以明度较高、饱和度较低的色彩搭配多见，搭配轻薄透气的服饰选材，给人以清凉舒爽的视觉感受。多应用于夏季服装的设计与搭配，并且服装款式剪裁设计风格组合多变，适合各个年龄层次的人群穿着。良好的服装配色，在一定程度上能够大大提升穿着者的精神面貌。

6.7.1　凉爽色配色特征

凉爽色配色需要掌握以下几点特征。

特征1：凉爽色配色服装设计搭配选材，以轻便凉爽、密度小的服装材质为主，不仅符合凉爽配色所对应的夏季着装标准，还能够带来舒适的穿着感受。

特征2：凉爽色配色风格服饰的版型设计多种多样，或修身或宽松，能够充分突显穿着者随性慵懒的风格特色。

6.7.2 凉爽色配色方案——举一反三

掌握凉爽色配色的两点特征，发挥要点并运用到实际操作当中。

1.服装主体采用复合式的设计方案，具有廓感的裙摆款式设计，为服装整体搭配塑造出蓬松的视觉感受，更为拉长穿着者身材比例。

2.服装整体配色明度较高、饱和度较低。内衬选用挑花蕾丝面料，搭配蓝白条纹背带裙，服装整体呈现清幽雅致的清淡美感。宽腰带的细节融入，为服装整体设计搭配起到点缀塑形的作用，突显穿着者更为良好的精神面貌。

3.服装饰品搭配选用明度中等却百搭的驼色调，以均衡服装主体色调带给人轻盈飘逸的视感，服装整体设计搭配给人以清淡优雅的视觉感受。

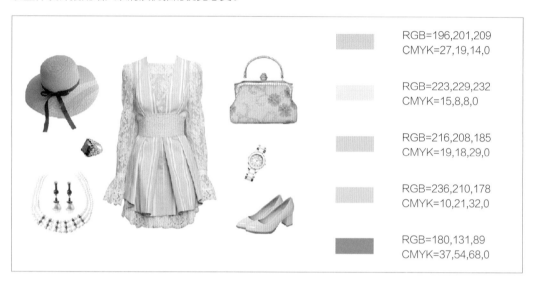

RGB=196,201,209
CMYK=27,19,14,0

RGB=223,229,232
CMYK=15,8,8,0

RGB=216,208,185
CMYK=19,18,29,0

RGB=236,210,178
CMYK=10,21,32,0

RGB=180,131,89
CMYK=37,54,68,0

明度对比

低明度	高明度
低明度的色彩应用于服装配色设计，给人低调、沉稳的视觉印象。但明度过低的色彩搭配则会给人压抑、沉重的感觉	高明度的色彩应用于服装配色设计，给人清透、凉爽的视觉印象。但明度过高的配色，给人浮夸、轻浮的感觉

6.7.3　简洁大方的凉爽色配色

黑色印花的长袖雪纺上衣，给人文艺、复古的视觉感受。搭配系带短裙，尽显女性的优雅气质。

黑色上衣中点缀的红色，是十分亮眼的存在。下身粉色的运用，提高了整体造型的亮度。

- RGB=32,31,37 CMYK=85,82,73,59
- RGB=195,67,66 CMYK=30,86,73,0
- RGB=234,198,200 CMYK=10,28,16,0

1. 上衣衣领和袖口部位的褶皱花边，具有很强的装饰效果。
2. 短裙前方工装大口袋的点缀，让整体造型设计感十足。
3. 单侧大耳环的点缀，具有画龙点睛的作用。

6.7.4　轻盈飘逸的凉爽色配色

简洁的图案元素融入，为服装主体设计赋予新的定义，体现更为丰富的层次内涵。

蓝色羽毛装饰图案，搭配服装面料，呈现出更为轻逸清雅的服装风格特点。

- RGB=219,219,219 CMYK=17,13,12,0
- RGB=100,130,181 CMYK=68,47,14,0
- RGB=26,48,46 CMYK=88,72,75,50

1. 衬衫裙的款式设计简洁大方，适宜夏季搭配。
2. 墨绿色鞋饰更为丰富服装整体搭配。
3. 服装整体设计搭配充满清凉飘逸的少女气息。

6.7.5 凉爽色配色色彩搭配秘笈——用色彩展现风格

关键词：清新   关键词：优雅   关键词：活力

不同明暗度蓝色的色彩运用，呈现出富有层次感的色彩搭配，丰富搭配质感

紫罗兰色清淡优雅，服装整体设计给人以清透凉爽的视觉感受

草绿色的搭配为服装整体增添鲜活的色彩元素，呈现活泼律动的精神状态

6.7.6 优秀搭配鉴赏

6.8 健康色配色

健康的精神理念深入
人心，因此也融入服装设计
配色当中。正确使用服装配
色，能够给人精神力量；反
之，错误的服装配色会使人
产生情绪。高明度的服装配
色给人精神饱满、愉悦的感
受，与白色相结合，能够起
到很好的中和作用，营造独
特的感官体验。

6.8.1 健康色配色特征

健康色配色需要掌握以下几点特征。

特征1： 健康色配色
的主旨在于呈现出积极活
泼的精神状态，所以多选
用高明度色彩，可起到提
升精神面貌却不过于亮眼
的作用。

特征2： 健康色服装
配色的款式设计并没有固
定的标准，重点在于可提
升穿着者精神面貌，宽松
的款式能够带来舒适的穿
着体验，贴身设计能够提
升曲线，风格多种多样。

6.8.2 健康色配色方案——举一反三

掌握健康色配色的两点特征，合理发挥要点并运用到实际操作当中。

　　1.服装整体以牛仔蓝色作为主体色调，墨蓝色作为辅助色调，灰色内衬作为细节搭配，服装整体富有层次感，同时突显穿着者精神干练。

　　2.服装整体定义为宽松舒适的版型设计，这样的款式设计更为符合日常生活穿着，不仅能够带来舒适松阔的穿着体验，也传达出了健康休闲的穿着理念，服装整体配色给人和谐百搭的视觉感受。

　　3.饰品围绕服装主体色彩进行组合搭配，互补和谐的明暗色彩度对比，为服装剪裁设计增添更为丰富的视觉层次感，使服装整体看起来更为饱满舒适。

RGB=99,150,208
CMYK=65,36,5,0

RGB=226,225,231
CMYK=13,11,7,0

RGB=81,100,116
CMYK=76,60,48,4

RGB=164,164,164
CMYK=41,33,31,0

RGB=222,224,247
CMYK=16,12,0,0

明度对比

低明度	高明度
低明度色彩应用于健康色配色服饰，在视觉上给人以收缩感。但明度过低的配色方案，多给人以沉重、阴郁的感觉	高明度色彩应用于健康色配色服饰，能够起到明显提升穿着者精神状态的效果。但明度过高的配色方案，会给人轻蔑、浮夸的印象

6.8.3　青春律动的健康色配色

服装整体设计充满活力，活跃感十足；并且面料透气舒适，延展性强。

色彩
说明 鹅黄色的点睛之笔，为服装整体设计起到提升亮度的作用，同时更显活泼动感。

■ RGB=245,207,83 CMYK=9,23,73,0
■ RGB=134,133,138 CMYK=55,46,40,0
■ RGB=67,100,134 CMYK=80,61,37,0

1. 卷腿和补丁设计为整体增添不规则俏皮感。
2. 上装选用纯棉材质，透气吸汗贴身舒适。
3. 服装整体设计给人律动活泼的视觉印象。

6.8.4　清新甜美的健康色配色

设计
说明 将经典优雅的条纹元素，转换为不同的风格手法，展现出富有生机活力的形象特质。

色彩
说明 白绿条纹上装与深蓝色牛仔中长裙的组合搭配，呈现出清新可人的服饰配色方案。

■ RGB=41,162,108 CMYK=76,17,71,0
■ RGB=234,232,237 CMYK=10,9,5,0
■ RGB=4,52,89 CMYK=90,88,50,18

1. 橘色细腰带的点缀较好地中和了上下装色彩。
2. 服装整体设计搭配给人以活力清新的感觉。
3. 配饰可选用低明度饰品进行组合搭配。

6.8.5　健康色配色色彩搭配秘笈——用色彩展现风格

关键词：文静

关键词：阳光

关键词：开朗

上下装以巨大的明暗对比作为服装设计搭配亮点，同时突显穿着者沉着冷静气质

具有一定明度的绿色融入服装设计当中，呈现出穿着者健康、富有活力的一面

服装主体搭配中，带有一定明度的紫色，更为提升服装整体色调的亮度

6.8.6　优秀搭配鉴赏

6.9　雅致色配色

雅致色配色重点在于色彩层次的清晰度，雅致色配色的服装多选用色彩饱和度较低、明度较高的色彩进行组合搭配，结合具有质感的丝绸、亚麻、毛绒等材质，能够给人以高贵、典雅的视觉感受。

6.9.1　雅致色配色特征

雅致色配色需要掌握以下几点特征。

特征1： 雅致色配色服装的选材颇有讲究，服装面料的材质密度或高或低，版型或硬挺或宽松，却具同样的优越质感，支撑起服装整体设计。

特征2： 丰富的细节设计搭配，也是雅致色配色服装的一大特色，只有精致的细节设计才能够更为烘托服装主体设计风格，突显穿着者卓越的搭配品位。

6.9.2 雅致色配色方案——举一反三

掌握雅致色配色的两点特征，合理发挥要点并运用到实际操作当中。

1.服装整体采用繁简相搭的元素进行组合搭配，上装采用不同明暗度的蓝色图样均匀分布，图案元素的和谐融入，与紧身包臀裙完美结合，营造出浓厚的传统日系风韵。

2.服装整体款式设计风格独特。上装款式定义为交叉款式低胸设计，宽松的袖袍设计为服装整体增添一丝传统的古韵。包臀裙贴身的款式设计，能够充分地突显穿着者曼妙的身体曲线美。整体设计和谐统一，给人以均衡全面的视觉感受。

3.皮质黑色高腰封的设计，为服装整体融入更为独特的现代元素理念，在秉承传统优雅端庄的同时，加入叛逆英气的气质元素，使服装整体内容更为丰富完整。

RGB=150,184,215
CMYK=46,22,10,0

RGB=226,225,231
CMYK=13,11,7,0

RGB=244,243,240
CMYK=6,5,6,0

RGB=28,28,32
CMYK=85,81,75,62

RGB=235,224,202
CMYK=10,13,23,0

明度对比

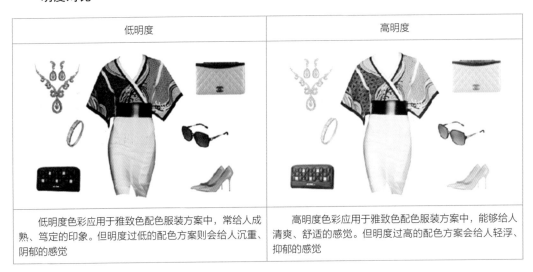

低明度	高明度
低明度色彩应用于雅致色配色服装方案中，常给人成熟、笃定的印象。但明度过低的配色方案则会给人沉重、阴郁的感觉	高明度色彩应用于雅致色配色服装方案中，能够给人清爽、舒适的感觉。但明度过高的配色方案会给人轻浮、抑郁的感觉

6.9.3　优雅淡薄的雅致色配色

服装色彩搭配简洁大方，独特的剪裁设计为服装主体赋予生动的诠释。

色彩
说明 浅湖蓝色作为服装主体色调，胸前浅驼色丝带交叉设计，使服装别具艺术气息。

■ RGB=204,177,162 CMYK=24,33,34,0
■ RGB=161,179,191 CMYK=43,25,21,0
■ RGB=112,132,133 CMYK=63,44,45,0

1. 高腰设计更为拉长腿部曲线，突显窈窕身姿。
2. 丝缎的面料在行走间能产生流光溢彩的效果。
3. 服装整体设计给人端庄大气的视觉印象。

6.9.4　低调奢华的雅致色配色

设计
说明 巧妙地将材质特色与剪裁方式相结合，以视觉角度营造出美轮美奂的感官效果。

色彩
说明 黑白配色尤为经典，腰间装饰的金色欧式图样衬托服装主体更为优雅华贵。

□ RGB=235,241,246 CMYK=10,4,3,0
■ RGB=185,186,145 CMYK=34,23,47,0
■ RGB=13,15,20 CMYK=90,85,79,71

1. 扇形的薄纱剪裁设计为服装增添优雅的气息。
2. 薄纱材质轻盈，能够塑造出缥缈纤柔的效果。
3. 服装整体设计给人以高贵端庄的视觉印象。

6.9.5　雅致色配色色彩搭配秘笈——用色彩彰显气质

关键词：干练　　　　　　　　关键词：淡雅　　　　　　　　关键词：端庄

　　不同明暗度的蓝色搭配，呈现出富有层次质感的服装色彩搭配设计　　　浅粉色与藏蓝色的色彩搭配，形成巨大的色差对比，具有强烈的视觉冲击感　　　浅绿色的搭配，起到提升服装整体亮度的作用，同时给穿着者增添端庄典雅的气息

6.9.6　优秀搭配鉴赏

6.10　庄重色配色

　　庄重色配色服装多选用明度和饱和度较低的配色方案。庄重色配色服装根据工作场合来讲，应避免过于刺激突出的色彩，选用柔和而又沉稳的配色方案，更为符合日常出行场合标准，同时突显穿着者沉稳优雅的风格气息。

6.10.1　庄重色配色特征

　　庄重色配色需要掌握以下几点特征。

　　特征1：为迎合庄重色配色主题，服装材质面料选择可结合穿着者自身条件而进行适当的调配，不同密度的面料能够呈现出不同的形式风格。

特征2： 由于庄重色配色服装色调较为低沉，所以可以运用明度较高的饰品或点缀色，能够起到很好的提高整体服装亮度的作用，丰富服装细节，使其更具内涵质感。

6.10.2　庄重色配色方案——举一反三

掌握庄重色配色的两点特征，合理发挥要点并运用到实际操作当中。

1.服装整体设计采用不同材质面料进行叠加组合，为服装整体造型塑造层次质感，更为丰富服装整体细节内涵。

2.服装选用黑色作为主体色调，米金色作为辅助色调。上装内衬选用半透明视感材质，与色彩浓度高的外套形成鲜明的明暗差对比。内衬与外套的组合搭配形成富有视觉冲击的厚度感，使服装整体内容更加丰富具体。

3.服装主体色明度较为低沉，以配饰色彩着手可以提亮服装整体色彩强度，宝石蓝色的融入为服装整体设计更添华贵的风格气息。

RGB=12,12,12
CMYK=88,84,84,74

RGB=169,130,109
CMYK=41,53,56,0

RGB=218,208,199
CMYK=18,19,21,0

RGB=30,36,50
CMYK=89,84,66,50

RGB=171,156,149
CMYK=39,39,38,0

明度对比

低明度	高明度

低明度色彩应用到服装设计当中，多给人以沉稳、笃定的风格效果。但明度过低的色彩搭配方案则会给人阴郁、堕落的印象	高明度色彩应用到服装设计当中，能够起到提亮服装整体亮度的作用。但明度过高的色彩搭配方案则会给人轻蔑的感觉

6.10.3　轻奢淡雅的庄重色配色

设计说明 服装整体款式设计简洁大方，纹路设计为服装主体增添独特的元素。

色彩说明 高雅的浅灰色调，搭配排版设计随性斑驳的黑金色图样设计，更显大气华贵。

- RGB=202,196,197 CMYK=24,22,19,0
- RGB=209,201,162 CMYK=23,20,40,0
- RGB=9,8,9 CMYK=90,86,85,76

1.简洁的款式设计更为突出图案风格元素。
2.服装版式面料挺括，具有较好的垂坠感。
3.服装整体设计给人低调沉稳却不死板的感觉。

6.10.4　沉稳典雅的庄重色配色

设计说明　服装设计精确利用面料元素的特异性，完成服装整体设计，过渡自然充满创新意味。

色彩说明　紫色与深豆沙色是具有成熟女性韵味的搭配，黑色的融合更为奠定服装色彩基调。

- RGB=59,43,55 CMYK=77,83,65,43
- RGB=13,10,10 CMYK=88,85,85,75
- RGB=144,113,108 CMYK=52,59,54,1

1. 无袖设计较好地展现双臂，更为拉长曲线。
2. 硬挺的版型面料适用于正式场合着装选材。
3. 服装整体设计给人以端庄典雅的视觉印象。

6.10.5　庄重色配色色彩搭配秘笈——用色彩展现风格

关键词：沉稳

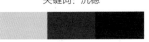

　　驼色与黑色形成巨大的明暗对比差，为服装整体造型带来直观的视觉冲击感

关键词：优雅

　　驼色与酒红色的搭配调和，为服装整体设计营造出富有女性气息的色彩搭配

关键词：端庄

　　宝石蓝色融入服装主体配色方案中，为服装整体造型增添华美低调的视觉感受

6.10.6 优秀搭配鉴赏

Dress Collocation Design

7

服装搭配训练营

7.1 职业装搭配

7.1.1 项目概况

服装类型	职业装的搭配
配色分析	类似色配色方案

	RGB=251,223,209 CMYK=2,18,17,0
	RGB=37,32,31 CMYK=80,79,78,61
	RGB=156,156,156 CMYK=45,36,34,0
	RGB=188,98,39 CMYK=33,72,95,1
	RGB=240,217,172 CMYK=9,18,37,0

7.1.2 案例解析

服装整体选用高明度、低饱和度的配色方案，呈现出知性、温婉的穿着者形象
内衬裙不规则的图样排列顺序，为服装整体设计更添灵动、跳跃的视觉美感
服装整体设计给人以低调从容的印象，高明度的首饰搭配为整体造型更添华美气息

7.1.3 风格类型

1.清爽型

　　无袖的款式剪裁设计，更为符合夏季职业着装的风格特色。颈间的钻石搭配，为服装整体设计增添更为闪烁亮眼的视觉效果，一反常规职业装严肃死板的印象。

2.成熟型

服装主体采用高饱和度的大红色，大面积覆盖于服装主体，给人以热情而又干练的视觉效果。与低明度的配饰相结合，塑造均衡和谐的组合搭配效果。

3.华贵型

服装大面积选用黑色蕾丝，作为材质主体覆盖，融入色调明亮的欧式花纹图样，为原本素净的服装面料增添华丽的视觉美感。

7.1.4　配色方案

1.明度对比

低明度	高明度
低明度色彩应用于服装设计，更为奠定服装色彩基调，呈现出饱满的色彩感情	高明度色彩应用于服装设计，带给人清凉干净的视觉感受

2.纯度对比

低纯度	高纯度

低纯度的色彩搭配方案，起到舒适柔和的视觉作用，呈现出低调优雅的风格状态	高纯度的色彩搭配方案，在视觉角度上更为吸引人眼球，色彩鲜明靓丽

3.色相对比

红色调	绿色调

柔情饱满的红色调应用于服装设计，更为突显成熟女性的知性与浪漫	不同饱和度的绿色相搭配，呈现出富有层次感的视觉效果

4.面积对比

类似色的大面积使用	互补色的大面积使用

类似色的配色方案应用于职业风格服装搭配，使服装整体在奠定色调基础的同时，融入更为丰富的细节内涵	黄色与紫色在服装整体设计中起到很好的和谐互补作用，提亮了服装整体亮度，同时显现穿着者沉着稳重的一面

5.色彩延伸

黑白色调	蓝色调

黑、白配色方案最为经典,同时合理的排序位置能够起到很好的扬长避短的作用	蓝色应用于职业风格服装,带给人成熟魅惑的印象,更加丰富服装主体内涵

6.佳作欣赏

服装整体简洁大方,大面积使用青花瓷图案赋予服装更为独特的含义	服装设计将干练与性感进行完美的融合,充分体现当代女性的多面性	繁简相搭的组合模式,衬托穿着者知性优雅的风格形象

7.2 休闲装搭配

7.2.1 项目概况

服装类型	休闲装的搭配	
配色分析	类似色配色方案	
		RGB=248, 180, 190 CMYK=2, 40, 15, 0
		RGB=178, 227, 211 CMYK=36, 0, 24, 0
		RGB=202, 212, 224 CMYK=25, 14, 9, 0
		RGB=0, 122, 60 CMYK=86, 41, 99, 3
		RGB=241, 241, 247 CMYK=7, 6, 1, 0

7.2.2 案例解析

服装整体采用明度较高的服装配色方案，明亮的配色更为突显活泼律动的服装风格
款式剪裁简洁随性，宽松的版式设计更为适合运动时穿着，俏皮可爱又舒适透气
服装饰品搭配也围绕服装主体进行色彩定义，呈现服装整体和谐统一的视觉效果

7.2.3 风格类型

1.中性型

　　服装单品设计组合搭配，带给人纯真率性的印象。上装灰白色条纹背心，装饰有小雏菊的款式图样，为原本硬朗简约的服装风格，增添了一丝清新甜美的气息。

2.清爽型

服装上下单品搭配，均选用明度高、饱和度低的色彩进行组合搭配，服装整体呈现给人清新活泼的视觉印象，与低明度色彩配饰相搭配，更为均衡服装整体配色。

3.活泼型

蓝白色条纹无袖上装搭配深牛仔蓝色高腰短裤，整体设计搭配带给人迎面而来的夏日气息。搭配低明度的配饰，服装整体设计呈现出轻快优雅的视觉感受。

7.2.4 配色方案

1.明度对比

低明度	高明度
低明度色彩应用于休闲装设计搭配，给人以中性率真的视觉印象	高明度色彩应用于休闲装设计搭配，给人以清亮活泼的印象

2.纯度对比

低纯度	高纯度

低纯度的服装色彩搭配，视觉上给人以更为柔和低沉的感受	高纯度的服装色彩搭配，视觉上给人以更加饱和灵动的感受

3.色相对比

蓝色调	紫色调

服装运用高明度的蓝色调进行搭配，整体设计充满清新浪漫的夏日气息	服装大面积使用紫色调进行组合搭配，整体设计充满优雅浪漫的气息

4.面积对比

类似色的大面积使用	互补色的大面积使用

大面积将类似色应用于休闲装，使整体设计给人层次秩序感以及强烈的视觉冲击	黄色调与紫色调两种极端的色彩组合搭配，塑造出和谐统一的视觉美感，服装整体设计充满青春活力

**Dress Collocation
Design**

服装搭配设计基础教程

5.色彩延伸

黑白色调	红色调

黑、白色的色彩搭配方案，给人以强烈的中性视感，突显穿着者更为纯真率性的气质	西瓜红色的大面积使用，给人以强烈的视觉冲击，充满夏日气息

6.佳作欣赏

水蓝色与奶白色的组合搭配，呈现出纯真可爱的视觉感受	具有巨大明度差的两种单品进行组合搭配，给人以简洁大方的视觉效果	柠檬黄与白色搭配，突显服装整体设计活力十足，拉长穿着者身材比例